JN191547

東京五輪がもたらす危険

いまそこにある放射能と健康被害

東京五輪の危険を訴える市民の会 編著

緑風出版

目　次

東京五輪がもたらす危険

第1部
東京五輪の危険を警告して発言する科学者・医師・市民・17

第1章
国際オリンピック委員会 IOC への公開状・18
雁屋哲

石津望　渡辺悦司翻訳

第2章
2020 年東京「放射能」オリンピックを警告する・27
Tokyo 2020 Die radioaktiven Olympischen Spiele

IPPNW ドイツ支部

梶川ゆう 翻訳（Sayonara Nukes Berlin）

第3章
ドイツにおける反被曝・反東京五輪の運動・29
桂木忍　川崎陽子

第4章
米カリフォルニアでの東京オリンピック反対の行動・33
石津望

第6章

**政府の「被害なし」主張の根拠
＝国連科学委員会（UNSCEAR）報告は信用できない**・132

藤岡　毅

第7章

被災地の苦悩と「黒い物質」「環境循環」について・137

大山弘一

第8章

首都圏の水道水中のセシウム汚染を測定・142

鈴木優彰　下澤陽子

第9章

**「放射能でのおもてなし」：東京オリンピックは
国際社会に対する犯罪である**・146

大和田幸嗣

第3部
避難者たちが体験した被曝影響と症状・155

第1章
『新ヒバクシャ』に『能力減退症』が始まっている・156
三田茂

第2章
がん、白血病・血液がん、子供の発達障害の多発・164
渡辺悦司

ふるさとの友へ

つばくら なおみ

お祭りの写真ありがとう
勇壮な晴れ姿 あなたらしいね
400年続いた火祭り あの事故で途絶えたと聞いてた
本当はうれしいことのはずなのに
ああ あなたに届く言葉探しているうちに
あなたはどんどん汚れた空気を吸ってしまう

避難の話をした時
大げさすぎるって肩をすくめたね
目に見えない 匂いもしない そんなものにおびえてと笑った
本当に悔しくて涙が溢れた

そう 私が吸っている空気あなたに届けたい
あなたにまとわりつく毒消す魔法知りたい
あなたは私の頭がおかしくなったと思っている
私はあなたの感覚が間違っていると思っている

不協和音 作り出しているのは誰
私達を蝕む放射能て何
孵らないツバメのタマゴ
母鳥は温め続けたと聞いた
繰り返されてきた命の営み
守りきれなくてごめんね

編集者序文

渡辺悦司

　およそ10カ月後には、東京オリンピック・パラリンピック[1]が開催されようとしている。本書は、オリンピックによってもたらされようとしている放射線被曝の恐るべき危険を広く日本と世界の人々に警告するための緊急出版である。

　すなわち、①東京オリンピックに参加することを計画しているアスリートと観客・観光客に、福島や東京が全く「安全である」・「被曝リスクはない」・「被曝しても健康影響はない」という日本政府の宣伝を決して信じないように強く勧告し、②短期間であっても福島や東京圏に滞在することがもつ被曝の危険性とリスクを正しく認識して、オリンピック・パラリンピックへの参加を再考するように呼びかけ、③オリンピックの大宣伝と大建設ブームの対極として進められている、日本政府による避難者や被災者への援助切り捨て、政府基準で年間20mSv（政府の空間線量率［3.8μSv/h］では実際は33mSv/y）という高汚染地域への住民帰還、それによる「棄民」と確率的「大量殺人」、この戦争犯罪にも匹敵する「人道に対する罪」について知るように促し、④現実に現れ広がり深刻化している福島・東京および日本全体における、被曝影響と考えるほかない健康状況を想起するように訴え、⑤日本政府に対して東京オリンピック・パラリンピック開催を中止するように要求し、各国政府・スポーツ団体に対して選手の被曝リスクを真剣に考慮して東京オリンピックに選手団を送らないように勧めるものである。

　本書は、日本政府やマスコミが組織している東京オリンピックに向かっての大宣伝の中で、この憂慮を共有する多くの市民・科学者・医師・避難者の人々からの寄稿により構成されている。

　言うまでもなく、本書への寄稿者全員が、本書に記すオリンピック反対の

1　以下「東京オリンピック」「東京五輪」「東京2020」という用語を東京パラリンピックをも含む広い概念として使用することとする。

理由や根拠の全てについて意見を共にしているわけではない。各寄稿者の憂慮・反対の論拠や範囲や強調点には当然ながら見解の相違やニュアンスの差がある。だが、いかなる理由や根拠からにせよ、東京オリンピックが「危険である」と声を挙げるべきであるという点では寄稿者は完全に見解を一にしている。

本書は3つの部分からなっている。

第1部では、東京オリンピックの危険を警告し開催に反対している科学者・医師・市民の発言を紹介する。

第2部では、東京オリンピックでの被曝がなぜ危険なのかを科学的医学的に解説する。

第3部では、福島原発事故の健康影響は本当に現れていないのかを検討する。福島や東京・関東圏からの避難者たちが実際に経験した症状を概括し、その発言を紹介する。

各部のテーマと執筆分担は以下の通りである。

第1部　東京五輪の危険を警告して発言する科学者・医師・市民

ここでは、すでに東京でのオリンピック開催の危険を警告し開催に反対して発言してきたさまざまな科学者・医師・市民の活動を紹介する。

先駆的な意義をもつ雁屋哲（「美味しんぼ」の作者）「IOCへの2013年10月3日付公開書簡」を掲載する。核戦争防止国際医師会議（IPPNW）ドイツ支部の声明（梶川ゆう訳）も掲載する。さらに、ドイツにおける反被曝・反東京五輪の運動を桂木忍・川崎陽子論考が、米カリフォルニア州における東京オリンピック反対運動を石津望論考が紹介する。小出裕章（元京都大学原子炉実験所助教）のオリンピックの危険性を指摘した声明（抄録）を、ノーマ・フィールド（シカゴ大学名誉教授）の序文を付けて掲載する。アーニー・ガンダーセンの「放射能被害への塗り薬」と題する論考を渡辺悦司が紹介する。

東京オリンピック・パラリンピックへの反対と返上の活動を積極的に行っている村田光平（元スイス大使）のインタビュー記事を掲載する。脱被ばくネットとチェルノブイリ法日本版の制定の運動を続けている岡田俊子・山田知恵子・柳原敏夫（弁護士）が、東京オリンピックでの被曝反対の運動について

論じている。福島事故原発からのトリチウム汚染水の放出反対の科学者と市民の運動については、**山田耕作**（京都大学名誉教授）論考をお読みいただきたい。**落合栄一郎**（米ジュニアータ大学名誉教授）論考は、自らの経験を踏まえて放射線の「見えない脅威」をあらためて強調している。**矢ヶ崎克馬**（琉球大学名誉教授）論考は、7年間で約28万人の過剰死という健康被害の実情を示し、「一切健康被害は無い」という日本政府のキャンペーンが安倍ファシズムの象徴であり「知られざる核戦争」の一環であることを明らかにする。

第2部　東京五輪での被曝が危険なこれだけの根拠

　ここでは、東京オリンピック・パラリンピックに世界から参加するアスリートと観客・観光客の被曝リスクについて、福島原発事故の規模とその深刻性を客観的科学的に分析し、たとえ短期滞在であってもその後の生涯にわたる被曝リスクが「ある」ことを明らかにする。

　東京でオリンピックを開催することは、福島原発事故による放射能放出量から計算するとネバダ核実験場の近傍や周辺でオリンピックを行うに等しいこと、とくに福島事故が放出した不溶性放射性微粒子が特別の危険性をもつことを、**渡辺悦司**論考が指摘する。放射線感受性の個人差の大きさを考慮すべきことについて**本行忠志**（大阪大学医学部教授）論考が論じている。政府・東電がオリンピック前にも海洋投棄に着手しようとしている汚染水に含まれるトリチウム（三重水素）が特別の危険性をもつことについて**渡辺悦司・山田耕作**論考が検討している。福島原発事故健康被害「ゼロ」論の論理とその自滅的な帰結――可能なかぎり多くの人々・可能なかぎり著名な人々を可能なかぎり大きい被曝のリスクに曝す――について**渡辺悦司**論考が取り扱う。政府が被害全否定論の論拠としている原子放射線の影響に関する国連科学委員会（UNSCEAR）の虚偽を**藤岡毅**（大阪経済法科大学客員教授）論考が明らかにしている。微粒子に加えて、生物濃縮によると考えられる「黒い物質」「黒い物体」と汚染の循環について**大山弘一**（南相馬市議会議員）論考が論じている。ゼオライト・活性炭フィルターを装着した場合に容易に観測される東京圏の水道水の明確な放射能汚染と最近の悪化傾向について**鈴木優彰**論考が明らかにしている（**下澤陽子**コメントが補足する）。食品汚染の現状と福島産食品を集中的に選手たち供給することの危険

性と道義的責任については**大和田幸嗣**（元京都薬科大学教授）論考で扱う。

第3部　避難者たちが体験した被曝影響と症状

　ここでは、福島原発事故による被曝影響や放射能被害と考えるほかない日本における健康状況と、現実に福島事故からの避難者、福島からだけでなく関東や東京圏からの避難者が実際に体験した健康影響についての手記を掲載する。

　避難者に現れている健康影響について臨床医として診療に当たっている**三田茂**論考が概括する。現実に出ている被害について、がん、とくに白血病・血液がん、教育統計に現実に現れている子供の精神発達への影響を**渡辺悦司**論考で取り扱う。尿検査に見る福島・関東の子供の放射性セシウム汚染については、調査を行った**斉藤さちこ**論考を渡辺悦司が紹介している。東京・福島からの避難者の人々が実際に体験した被曝影響について、**福島敦子**（福島から避難）、**羽石敦**（茨城から避難）、**下澤陽子**（東京から避難）、**園良太**（東京から避難）による手記と、**鈴木絹江**（障がい者の立場から、福島から避難）のインタビュー記事を掲載する（筆者・寄稿者の敬称はすべて省略させていただいた）。

　引用文献や出典などの表記について——煩雑さを避けるために、文書名だけを表記し、そのURLは記載しないことにしたい。URLは、長くなり、しばしば変更されたり削除されたりするので、読者は出典を文書名でネット検索する方が便利であろうと考えた。ご理解いただければ幸いである。

第 1 部

東京五輪の危険を警告して発言する科学者・医師・市民

第1章
国際オリンピック委員会 IOC への公開状
（2013 年 10 月 3 日付）
雁屋哲
石津望　渡辺悦司翻訳

　漫画「美味しんぼ」の作者、雁屋哲氏は、2013 年 10 月 3 日付で、国際オリンピック委員会（IOC）に英文の公開書簡（Open letter to IOC）[1] を送った。この公開書簡で同氏は、東京オリンピックで「被曝によるリスクが全くない」とする安倍首相のプレゼンが全くの「ウソ」であることを事実を挙げて証明し、東京オリンピック開催自体への反対を明確に示した。同公開書簡は、公然と東京オリンピックでの被曝の危険性を指摘し、東京開催のもつ欺瞞と虚偽を、IOC の共犯者的役割を含めて主張した、日本で最も早い時期の文書の1つであろう。われわれは、この先駆的役割を高く評価しなければならないと考える。以下にその全文の邦訳を掲載する。原文は雁屋哲氏のブログに掲載されている。

　9 月 7 日（2013年）に、貴委員会は、東京が 2020 年オリンピックの開催地となるという決定を行った。その意思決定過程で日本の首相・安倍晋三氏が行ったプレゼンテーションが重要な役割を演じたと言われている。安倍氏はプレゼンテーションにおいて次のように述べた。

　　フクシマについて、お案じの向きには、私から保証をいたします。状況は、統御（アンダー・コントロール）されています。東京には、いかなる悪影響にしろ、これまで及ぼしたことはなく、今後とも、及ぼすことはありません。

　安倍氏が福島第一原子力発電所の安全性に関してあなた方に話したすべては、恥ずべきうそ以外の何物でもない。ここで私は、安倍氏の言説を一つずつ

1　Tetsu Kariya：Open letter to the International Olympic Committee, 2013-10-03

検討し、安倍氏と安倍氏の嘘がいかに悪質か証明することとする。

図1

出典：国土交通省。

(1) 提起された疑問に答えて、安倍氏は、以下のように述べた。放射能汚染水は、福島第一原発の港湾の0.3㎢区域の中に「完全に遮断」されていると。

　　これは、6歳の子供でさえ見抜くことができる完全なナンセンスである。どのようにしたら、そのような海から「完全に遮断」された港湾などがそもそも存在しうるであろうか？　上の写真は日本の国土交通省が撮影した写真であるが、明らかに安倍発言の不合理性を示している。

　　福島第一原発の前にある港湾は海に向かって開かれている。

　　どんな船でも自由に港に出入りできるように、水もまた出入りでき、汚染水は海洋に運ばれる。

　　さらに、安倍氏のプレゼンテーションの18日前、2013年8月21日に、東京電力（TEPCO）は、安倍氏の考えと全く矛盾する発表をした。2011年3月11日の事故に引き続いて、2号機と3号機の地下溝に溜まっていた高濃度放射能汚染水が直接海に漏れた可能性が非常に高いというのである。東電は、海に流れ込んだ放射性物質の量を、ストロンチウム90で1×10^{13}（10兆）ベクレル（以下Bq）とセシウム137で2×10^{13}（20兆）Bqであると推定している。この2種の合計では、3×10^{13}（30兆）Bqである。

　　通常運転時の原発からの海への排出基準は、2.2×10^{11} Bqである。2011年3月から、海に流れ込んだ汚染水の量はこの基準より100倍超大きく、しかも漏出はまだ続いている。

(2) 安倍氏は以下のように述べた。「私から保証をいたします。状況は、統御（アンダー・コントロール）されています」と。

事実は、状況が決して「アンダー・コントロール」ではないことを示している。

(a)　2012年9月24日の東電の発表では、放射性物質の1時間あたりの放出量は1×10^7 Bqであった。1日あたりでは2.4×10^8 Bqに相当する。この放出は現在まで続いている。状況は「アンダー・コントロール」などとは決して言うことができない状況である。

(b)　2013年8月末までに、東電は福島第一原発の敷地に高濃度汚染水を保管するために、およそ1000のタンクを設置した。

　これらのタンク（容量約1000トン——原文はリットルであるがトンあるいは立方メートルの間違いと思われる＝訳者）は、適切に溶接されるのではなく、ステンレス板をシリンダー状に曲げボルトで固定することによって簡易的に製作されている。

　タンクの施工管理者は、「東電からは限られた予算しかもらっていないので、短い納期で各々のタンクを製造し、生産コストを最小化しなければならなかった。これらのタンクは、長期の保管用に設計されてはいない」と発言した（毎日新聞2013年8月25日付）。

　事実、タンクの耐用年数は最長でも3年であると予測されている。長期の問題に対する一時的で間に合わせの「解決策」でしかないのである。

　2013年8月20日、東電は、300トンの汚染水がタンクの1つから漏れ出し、1リットルあたり8×10^7 Bq、総計で2.4×10^{13}（24兆）Bqの放射性物質が放出されたと認めた。

　京都大学の小出裕章氏によると、これは1945年に広島の上空で爆発した米国の原子爆弾により放出された放射性物質（ストロンチウムと仮定して＝訳者）とほとんど同じ量であるという。これは、貯蔵タンクの各々が広島級原子爆弾の放射性物質の量の3倍以上を含んでいることを意味する。

　これらのタンクは脆弱であり、しかも福島第一原発敷地の地盤は地質学的に不安定である。そして、タンクはしっかりした基礎を固めることなく地面に設置されている。

　大規模な地震または台風によって、これらのタンクは容易に倒壊する

かもしれない。

　これらのタンクのうちわずか2、3基が損害を受けてその内容物が放出されただけでも、誰も福島第一の敷地に入ることができなくなるかも知れない。その結果、原子炉を冷却している肝心の機能は止まり、全ての原子炉はコントロールがきかない状態になるであろう。

　結果は大災害であろう——日本にとってだけでなく、全世界にとっても。

　私は誇張しているのではない。単に予測しているだけなのである。私の予測はすべて、入手可能な情報と現実の状況に基づいている。

　これらのタンクの数は増加し続ける。東電は原子炉を冷却するために海水を注ぎ続ける必要があり、その過程で水を汚染し続けている。廃水処置装置が損害を受けて作動しなくなれば、汚染された冷却用に使われた水を入れる新しいタンクが2日半おきに必要となる。いかに想像をたくましくしても、いかなる人も状況を「アンダー・コントロール」と言うことができない。

(3)　安倍氏は以下のように述べた。福島第一は「東京には、いかなる悪影響にしろ、これまで及ぼしたことはなく、今後とも、及ぼすことはありません」と。

　　a)　江戸川は東京（江戸は東京を意味する）の川であり、東京都と千葉県の境界を流れている。それは、近隣の千葉だけでなく東京に飲料水を供給している重要な川である。

　　　不穏な変化がこの川で起こっている。2012年9月から11月にかけて環境省によって行われた江戸川の分析によれば、川底から採取した1kgの沈殿物には100Bqを超える放射性物質が含まれていた。最も高い数値は、浦安橋の地域からの試料にあり、2050Bq/kg（放射性ヨウ素131、セシウム134/137の総計）であった。浦安橋は、江戸川から取水している金町浄水場から、わずか10kmしか離れていない。

　　　調査結果の発表を受けて、環境省は「水は水源から流れており、

水自体が川底の沈殿物からの放射線を遮蔽している。それゆえに、影響があるとは考えられない」と説明した。しかし、川底が豪雨や台風によって撹拌されたとしても変化はないのだろうか？

b）2013年9月7日、安倍氏が、東京が（福島原発事故による）放射性物質の放出によって被害を受けることはないと主張したまさにその日に、千葉県は、江戸川で獲れたウナギに140Bq/kgの放射性物質が含まれていたと発表した。これに関して、千葉県は、3つの漁協に市場への出荷を控えるよう指示した。江戸川で獲れたウナギは、東京の食通にとって極めて貴重なものである。嘆かわしい状況である。東京の川、江戸川がすでにそのような状態にある時、どうしたら「東京には、いかなる悪影響にしろ、これまで及ぼしたことはなく、今後とも、及ぼすことはありません」などと言うことができようか。

c）影響を受けるのは、水系だけではない。東京の東部、江戸川区では、多くの場所で、0.2μSv/h（マイクロ・シーベルト/時）より大きい空間放射線量が記録されている。0.3μSv/hを越える地点も多い。

とくに金町浄水場のまわりでは、空間放射線量は0.45μSv/hを上回っている。

国際放射線防護委員会ICRPの安全標準は、0.23μSv/h（これは日本政府の解釈であって、屋内では4割の被曝量を1日16時間、戸外では1日8時間を過ごすというありえない仮定での数値であるが──訳者）がすなわち1mSv/yとされている。安倍氏のコメントは完全に偽りである──東京はすでに被害を受けている。

（4）安倍氏は以下のように述べた。福島原発事故は「いかなる問題も引き起こしておらず、汚染は狭い地域に限定され完全に封じ込められている」と。

a）右図には1000の語の価値がある。これは、群馬大学の早川由起夫教授が作成した「汚染地図」である。

汚染は狭い地域に限られては「いない」ばかりか、広く遠くまで

福島原発事故の放射能汚染地図

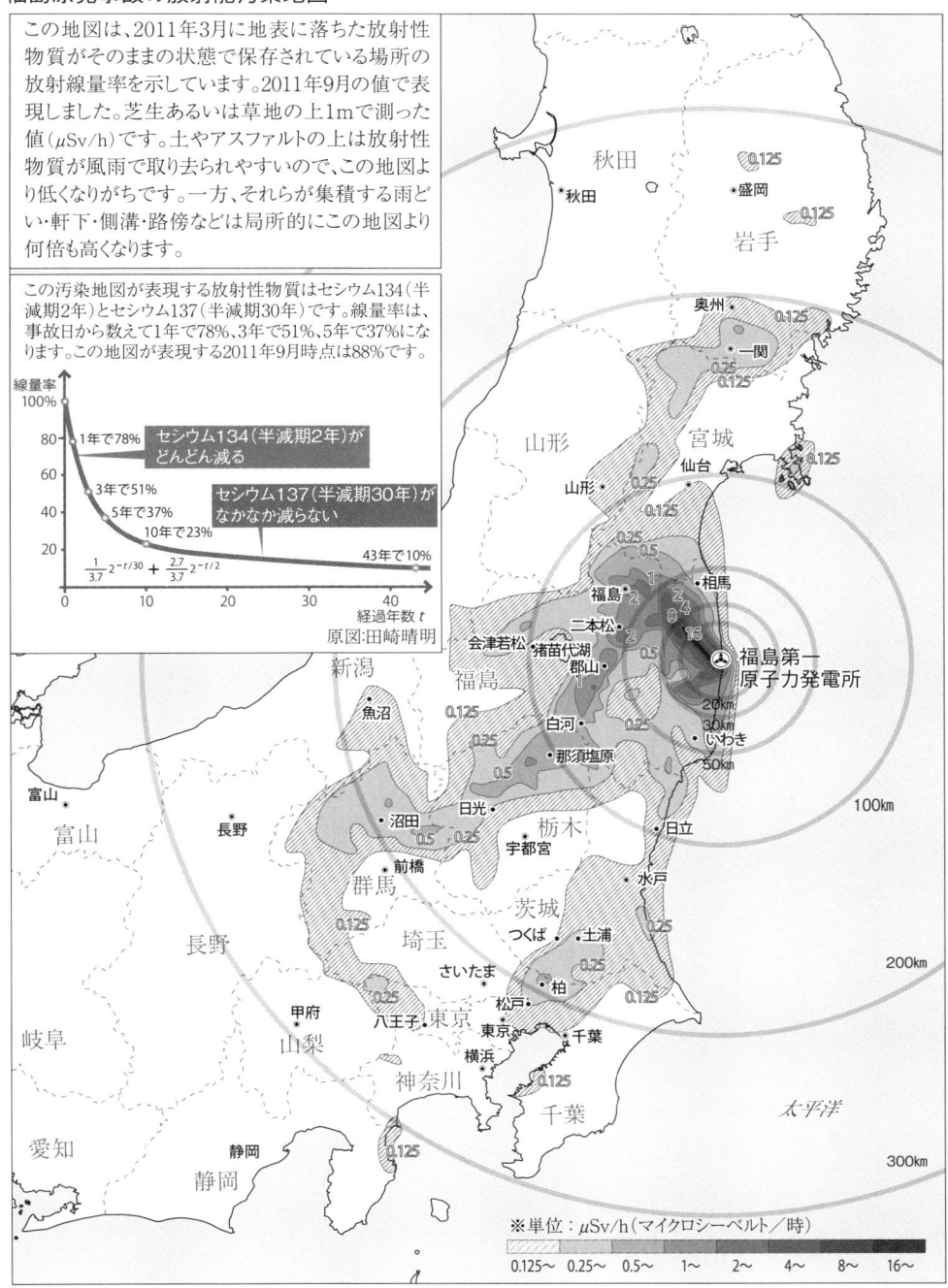

群馬大学 早川由紀夫著　福島第一原発事故の放射能汚染地図八訂版2013年2月1日より作成

広範囲に広がっている。地図によって明らかなように、東京の空間放射線量は2011年9月には0.125μSv/hであった。福島第一原発事故の前には、東京のレベルはわずかにおよそ0.02μSv/h（おそらく0.034μSv/hとするのが適当であろう——訳者）だった。

　　東京は汚染されているのだ。

(b)　IOCのメンバーの皆さんが興味を持つであろう報告書がある。この報告書は、提案されたオリンピック競技場で、空間放射線量を測定した市民グループによって作成された。英語またはフランス語でも利用できる（http://olympicsokuteikai.web.fc2.com/）。

　　同報告書によれば、夢の島スタジアムでは馬術競技が行われる予定になっているが、空間放射線量は0.48μSv/hで、国際放射線防護委員会（ICRP）が設定している安全基準の4倍超のレベルである（ICRPが設定している安全基準は、1mSv/y、すなわち0.114μSv/hである）。

　　そのうえ、ハンドボール、サイクリングと重量挙げが予定されている会場ではすべて0.15μSv/hが記録された。この1時間あたりの率は、ICRPによって設定された年間1mSvの安全標準を上回る。東京には汚染がないと言うことはできない。

(5)　安倍氏は以下のように述べた。「健康に対する問題は、今までも、現在も、これからも全くないということははっきりと申し上げておきたいと思います」。

(a)　福島沖は、最も豊かな漁場のうちの1つであり、海産物が豊富で高品質である。多くの人々が、その地域で漁業から生計を得てきた。

　　福島第一原発事故の後、状況はすべて変わった。同地域の魚が放射性物質によって汚染されたため、水産庁はすべての漁協に出荷自粛を課した。実際、漁業は現在福島で禁止されている。

(b)　福島は、日本の米の主要な生産地でもある。2011年に、原発事故の後、福島の複数の地域で収穫された米から放射能汚染が検出された。それ以来、消費者は福島米から離れてしまった。

福島事故の後、政府は、福島第一原発の20km圏内にある7300ヘクタールの水田での米の栽培を禁止した（事故前には、8万ヘクタールの水田で米が栽培されていた）。

　今年（2013年）、政府は、今まで禁止されていた2000ヘクタールの水田において米の栽培を許可した。しかし、実際に利用されたのはそれらの水田のわずか10%にすぎなかった。

　消費者の間では福島産の農産品を買うことへの恐れと躊躇があり、それは米に限定されてはいない。有機農産物・酪農製品を含むすべての産品に及ぶ。放射線によって汚染されているならば、有機栽培食品にどんなメリットがあるのか？

　漁民、農民とそれらの産業に関係する人々全員が危機に直面している。そのような産業は麻痺し、人々の生業は奪い去られた。人々の窮状は、放射性物質によって汚染された食品が健康にとって危険であるという単純な事実によってもたらされている。これは実際に健康に関連する深刻な事態なのである。

　結論。IOC総会でなされた安倍氏の発言に何の真実もない——嘘以外の何物でもない。

　2013年9月8日に、『朝日新聞デジタル』などインターネットニュースサイトは次のように報道した。IOC委員は、安倍の回答が決定打となり疑念を払拭する役目を果たしたと語った。「人々はそのような言葉を聞くことを望み、また聞く必要があった」と、カナダの委員、ディック・パウンドは語った。「そして彼（安倍）は期待どおりの回答を与えた。それこそ本当に一発で（委員たちを）参らせる答えだったと思う」と。

　東京は、イスタンブールの36票に対して、60票で2020年のオリンピック開催権を獲得した。これは、IOCの60人の委員がカナダのディック・パウンド委員の上記の見解と一致していることを意味する。

　私はそれらの60人の委員に以下を尋ねたい。

　あなたがたは、福島第一原子力発電所の危機的状況を知らなかったのか？

　もし知らなかったとしたら、あなたがたの極度の無責任および職務怠慢で

ある。IOCの委員として、あなたがたは、開催候補都市の抱えている最も重要で深刻な問題を知るためにあらゆる努力を払う義務がある。福島原発の危機的状況は、全世界から東京に集まる選手たちと見物客たちの安全に影響を及ぼすからである。

　もしあなたがたが知っていて、それにもかかわらず東京に投票したのだとしたら、あなたがたは故意に何百万人の安全を脅かすことに同意したことになる。あなたがたは、皆、世界に露骨に嘘をついた安倍氏の共犯者である。

　職務上の怠慢と無責任の犯罪。

　安倍晋三の虚偽主張への共謀の犯罪。

　あなたがたはどちらの罪を犯しているのか？

第2章
2020年東京「放射能」オリンピックを警告する
Tokyo 2020 Die radioaktiven Olympischen Spiele
IPPNW ドイツ支部

梶川ゆう 翻訳（Sayonara Nukes Berlin）

　日本は世界各地からアスリートを招こうとしています。2020年に東京でオリンピックが開催されることになっているからです。私たちは平和でフェアなスポーツ競争を願うものですが、同時に大変懸念もしています。というのは福島県の県庁所在地でもオリンピック競技が開かれる計画だからです。野球とソフトボールの試合が福島市で開催されるということです。ここは原発事故のあった福島第一原発から50キロほどしか離れていません。2011年にはここで複数の原子炉事故が相次いで起き、放射能雲が日本と周辺の海を汚染しました。この災害と唯一比較できるのはチェルノブイリ原発事故だけです。

　これによって生態系と社会は深く影響を受け、それらは日本ではまだ消滅していません。故郷を失ってしまったたくさんの家族、住民がこぞって避難して人のいなくなってしまった地域、汚染土を入れた何百万というフレコンバッグ、放射能で汚染された森林、川、湖。「通常な状態」などに日本は戻っていないのです。

　事故を起こして破壊された原子炉もまだまだ危険が去ったわけではありません。今も変わらずここから放射能汚染が出続けています。海、空気、土の放射能汚染は日々増えているのです。大量の放射性物質は壊れた原子炉建屋に今もあるだけでなく、原発敷地にも屋外で放射性物質が放置されたままです。この状況では、もし次に大地震があった場合に人間と環境におびただしい危険を及ぼす可能性があります。放射能災害はまだ続いているのです。この警告はそして、当分解除されることがないでしょう。

　2020年のオリンピックの日本での開催にあたり、IPPNW（核戦争防止国際医師会議）ドイツ支部では国際キャンペーンを始めることにしました。私た

ちは、参加するアスリートと競技を見物する観客たちがフクシマ近郊で被ばくするのではないかと懸念しています。特に放射線感受性の高い妊婦や子供たちが心配です。

日本政府は、このオリンピック開催には最終的に120億ユーロかかると予測しています。しかし同時に日本政府は、避難指示解除後、故郷に帰還しようとしない避難者たちには支援金の支払いを止めると脅しています（これは沖縄県など一部の県を除いて実際に行われた――編集者）。

国際的に、放射能災害があった場合に住民は、自然放射線を除いて年間で1ミリシーベルトしか放射線を被ばくしてはいけないと規定されています。フクシマの帰還政策により帰還を促された地域では、住民はそれより20倍も高い20ミリシーベルトまでの被ばくは我慢するように求められているのです。すでに村や町が除染された場合でも、森や山は放射能汚染を「貯蔵」する役割を果たすため、風や天気次第ですぐにまた汚染させられる可能性は高いのです。

この国際キャンペーンを通じて私たちはまた、世界中にまだ一つとして放射性廃棄物の最終処分場すらないことも改めて訴えていく次第です。原子力産業が残す猛毒の負の遺産を安全に保管できる場所はないのです。

オリンピックに対しては世界のマスコミが注目します。これを利用して私たちは、日本の脱原発の市民運動を支援し、世界的なエネルギー政策変換を訴えていきたいと思います。化石燃料と核燃料に別れを告げ、再生エネルギーへ向かわなければならないと訴えます。

キャンペーンでは、世界中の政治家がいかに軍産複合体と一緒になって政策を推し進めているか、より明確に指摘していきたいと思います。

IPPNWは放射能に汚染された地域にあたかも「日常生活」が戻ったような印象を世界に与えようとする日本政府に対しはっきり「ノー」を突きつけます。

このキャンペーン趣旨に賛同する個人または団体は、次のメールアドレスを通じてキャンペーンチームに連絡をくださるようお願いします。
olympia2020@ippnw.de

2018年7月16日付

第3章
ドイツにおける反被曝・反東京五輪の運動

桂木忍　川崎陽子

1　ドイツ人にとっても東京五輪は「放射能オリンピック」

桂木忍

　ドイツでは1986年4月26日のチェルノブイリ原発事故で国民的な反原発運動が起こった。そして東京電力福島第一原発事故が最後の一押しとなり、現メルケル政権は2022年に脱原発することを決定した。それだけに、チェルノブイリの経験からフクシマを遠い土地の出来事と考えず、汚染地域に住む人々の今の状況を慮る人々は少なくない。本稿では、チェルノブイリとフクシマから毎年被ばく者を招待し、様々な交流を通して一般の人々にも本当の現状を知ってもらおうと活動している2人のドイツ人のメッセージを紹介する。

ガブリエラ・シュルツェ（公益法人チェルノブイリの子どもたち）

　私は長年チェルノブイリの子どもたちに保養の場を提供する活動をしており、多くの子どもたちをドイツに招待しています。3週間の保養で子どもたちの免疫力が改善されることは調査でも明らかになりました。子どもたちは健康を回復するだけではなく、ホストファミリーに温かく迎えられ、仲良くなります。3週間経つと情がわいてきて、お別れはいつも辛いものです。

　私たちがベラルーシのゴメリ地方を訪れることもありますが、行くのは大人だけです。子どもたちはドイツの友だちがなぜ遊びに来ないのか尋ねます。けれど、汚染地域に自分たちの子どもを連れて行くわけにはいきません。それは自分たちの活動と矛盾しているからです。

フクシマに行って、驚かされたのは、子たちを保養に招待することが非常に難しいことでした。子どもたちは守られておらず、まだ汚染が消えない地域に住み、学校や幼稚園に通っています。

　チェルノブイリの周辺には立ち入り禁止区域があります。そこでは住むことも、庭からリンゴを取って食べることも、野菜を植えることも禁止されています。でも、フクシマでは人々は原発の近くの家に戻り、日々危険と隣り合わせで生活しています。

　世界が注目するオリンピック。一部はフクシマで開催されます。私には理解できません。

マーティン・カストラネク（ハインリヒ・ベル財団）

　チェルノブイリとフクシマの原発事故が人間と環境にどんな影響をもたらすのかは未知です。人々は故郷を失うか、あるいは汚染地での生活という状況を受け入れるしかありません。

　2020年の東京オリンピックには世界中の若者たちが集います。フクシマから聖火リレーが始まり、そこでは競技も開催されます。

　東京電力と日本政府は、復興を世界中に知らしめたいのです。一方では、未だに5万人以上の避難民がいて、汚染された地域への帰還を強要されています。除染土は最終処分場のアテもなく、モニタリングポストは撤去されます。

　ハインリヒ・ベル財団（シュレースヴィヒ・ホルシュタイン州支部）は、この「放射能オリンピック」について啓蒙活動をするために、2020年、福島と東京でアクション・ウィークス[1]を開催し、ひとたび原発事故が起きれば、地域には元の生活は戻らないということを世界の人々に発信しようと思っています。関心のある方は是非このメールアドレスに連絡してください。（m.kastranek@ifd-kiel.de）

1　アクション・ウィークス：ドイツのドルトムント市に本拠を置く公益法人IBB（Internationales Bildungs und Begegnungszentrum）が2011年から展開している企画。チェルノブイリ事故の4月26日と福島事故の3月11日の前後に各被災地から「語り部」や「専門家」を招待している。招待された「語り部」や「専門家」は、希望する団体がボランティアで受け入れ、学校での語り部活動、成人を対象の講演会、映画上映会など開く。日本からは汚染地から避難した親子やフリージャーナリストの守田敏也氏、映画監督の鎌仲ひとみ氏などが過去招待されている。（訳者注）

2　欧州における反被ばく・反東京五輪の活動

川崎陽子

　「よそものネット」という、在外日本人による脱原発ネットワークがある。欧州６カ国とカナダを拠点に16の個人・団体がつながっており、今年も、おしどりマコさんや福島から自力で避難し、国と東電を訴えている母子たちの、欧州講演会ツアーを協同で行なった。

　反東京五輪関連の情報共有も、「よそものネット」では早くから始まった。本書でも紹介されているIPPNW（核戦争防止国際医師会議）ドイツ支部の、「核のない2020年オリンピックを実現する国際キャンペーン」の呼びかけを、2018年９月にドイツ語から日本語に翻訳して拡散した。同時期には、同じく本書掲載の小出裕章氏による「フクシマ事故と東京オリンピック」という文書を、共有・拡散した。

　以下に、「よそものネット」のドイツの団体による反東京五輪活動を紹介する。

　「さよならニュークス・ベルリン（以下SNB）」は、日本で2017年に発足した「2020オリンピック災害おことわり連絡会（略称：オリンピックおことわりンク）」のシンポジウム議事録に、メッセージを寄せている。「おことわリンク」は、多様な社会問題としての視点から東京五輪に反対する人々で、「復興五輪」という名目で招致した安倍首相の「アンダー・コントロール」発言をはじめ、ウソと不正まみれの五輪開催を返上するよう求めている。

　これに賛同したロスアンジェルスとリオデジャネイロからのメッセージと並んでSNBは、近年ドイツの２つの主要都市では住民投票の結果、五輪開催地立候補を断念したことを紹介、議論も熟さぬ中で巨額な経費をかけた、オリンピックの精神からもかけ離れた日本政府の暴挙を、見過ごすわけにはいかない、と断じている。

　「さよならニュークス・デュッセルドルフ（以下SND）」と「ドルトムント独日協会」は、IPPNWドルトムント支部と共同で、2019年３月９日にドイツのデュッセルドルフ市で、「放射能オリンピック反対デモ」を行なった。デモでスピーチをした２人のドイツ人の主張を引用する。

　ペーター・バスティアン氏は、ドイツ反核・反化石燃料運動の中心的人物

の1人で、羊飼いや介護士の資格を持つ3児の父親だ。彼は、「日本の権力者たちは、被災者たちを放射能汚染された場所に強制的に帰還させるだけでは足りず、オリンピック競技までも福島の放射能汚染地域で開催し、すべては問題ないと世界中を暗示にかけている。しかし、我々ドイツの反原子力運動は、その暗示を明確に否定する！」と訴えた。

IPPNWドルトムント支部のユーゲン・ヒュスマン医師は、次のように述べた。「東京五輪の会場となる福島の運動公園を除染したから安全だといっても、除染できない山野や崩壊した原子炉建屋から、常に放射性物質が風に乗って運ばれてくる。私たち医師は、安全な被ばく線量などないことを知っているが、日本では健康被害が外部に知られないよう取り繕っている」。さらに、今後起きる地震の脅威にも言及し「大惨事は続いており、原子力緊急事態宣言も解除されていない」と語った。

地震といえば、2020年に訪日外国人旅行者数4000万人を見込む日本政府は、東京オリンピック中に大地震が起こる可能性を想定した情報も出している。「それほど危険ならば、やめればいいのに！」と、「よそものネット」で話題になった。しかも、国土交通省の「首都直下地震対策計画」には、地震と津波による被害のみで、それによって原子力施設がもたらす複合災害の想定がない。3.11の教訓から何も学んでいないのだ。

第4章
米カリフォルニアでの
東京オリンピック反対の行動

石津望

　福島原発事故が起きた直後の2011年5月に、サンフランシスコで反原発団体No Nukes Action Committeeが結成された。毎月11日に、サンフランシスコの日本領事館前で抗議活動を続けている。そこでは、東京オリンピックの危険性が訴えられ、開催に反対する安倍首相宛の書簡が読み上げられ送付されている。

　2019年5月26日、同団体は、カリフォルニア州バークレー市の公立図書館で2020年東京オリンピック開催反対の集会を主催する。このように、アメリカでも東京オリンピック開催に警告し反対する運動が始まっている。彼らの訴えはこうだ[1]。

　東京オリンピックの誘致汚職に関わった安倍政権は、福島県で野球などのオリンピック競技を行おうとしている。安倍首相は、福島の除染は終了し福島も日本ももはや危険ではないとオリンピック委員会に伝えた。安倍のこの発言はとんでもない嘘である。

　事故を起こした原発では、トリチウムを含む100万トンを超える汚染水がタンクに保管され、原発からは放射能が漏れだしている。福島のいたるところに、放射性廃棄物が詰められたおびただしい量のフレコンバックが置かれている。

　東電および政府は、大量の水で溶け落ちた核燃料を冷やし続けなければいけない。しかも溶けた核燃料を原子炉から取り出す方法さえ見出せずにいる状態だ。核燃料からは高濃度の放射能が放出されており、人が近づくことが

1　No Nukes Action Committeeからの筆者へのメールの要旨を紹介する1

できない。送り込んだロボットは高濃度の放射能により、すぐに動かなくなった。多くの問題が山積みのなか、世界に向けて福島はもう安全だといえるのだろうか。

　No Nukes Action Committee は、2020年東京オリンピックは、なおも続く福島原発事故の大惨事を隠すためのごまかしであり、安倍政権とオリンピック委員会の巨大なプロパガンダだと考える。さらに、日本政府は、県外に避難した家族や子供たちに福島に帰還せよと脅迫し、住宅支援を打ち切っているのだ。暴力団が絡む悪徳業者にだまされ除染作業をさせられている労働者や外国人労働者たちの存在も忘れてはならない。

　5月26日、バークレー市の公立図書館で「福島でオリンピック？　気が狂ったのか？」が上映される。映像には、教師、除染作業員、反原発の運動家、元スイス大使の村田光平氏などが登場する。また、オリンピック組織の腐敗に精通するジョージ・ライト教授は、オリンピック委員会と安倍政権の共謀についてトークを行う。フランス検察当局は前日本オリンピック委員会会長竹田恒和の贈賄容疑での起訴に向けて動いている。世界の人々が2020年東京オリンピック開催を止めさせようとしているのだ。

第5章
真実から目を逸らすことは犯罪である
フクシマ事故と東京オリンピック（抄録）

小出裕章

　以下の文章は、小出裕章著『真実から目を逸らすことは犯罪である——フクシマ事故と東京オリンピック』径書房（2019年）からの抄録です。ぜひ同書もお買い求めいただき、全文とその各国語訳をお読みいただければと思います。快く転載の許諾をいただいた小出裕章氏、編集者の藤代勇人氏、径書房の関係者の皆さまに深く感謝いたします。なお、ここでは、ノーマ・フィールド氏が同論考の英語版に付けた紹介と解題を翻訳して、第6章に続けて掲載しています。なお、以下の内容に関連する部分については、分量の点から残念ながら削除してあります。各部分のテーマは概ね「今なお続く熔融炉心の脅威」「溜まり続ける汚染水問題」「熔け落ちた炉心の行方」「大量被曝をもたらすロードマップ」「断ち切られた幸せ」「復興の口実でなかったことにされる放射能汚染」「いまだ解除されない原子力緊急事態宣言」「責任を取らぬまま再稼働」などです。これらに関する小出裕章氏の見解に関心をお持ちの方はぜひ径書房版の全文をご参照下さい（渡辺悦司）。

　2011年3月11日、東京電力・福島第一原子力発電所は巨大な地震と津波に襲われ、全所停電となった。

　全所停電は、「原発が破局的事故を引き起こす一番可能性の高い原因」と専門家は一致して考えていた。その予測通り、福島第一原子力発電所の原子炉は熔け落ちて、大量の放射性物質を周辺環境にばらまいた。……

　この事故で1、2、3号機の原子炉が熔け落ちたのだが、その炉心の中には……広島原爆に換算すれば約8000発分のセシウム137が存在していた。……現在までに環境に放出されたものは、広島原爆約1000発分程度であろう。……

……事故を起こしたのが原子力発電所の場合、事故現場に人間が行けば、死んでしまう。

　国と東京電力は代わりにロボットを行かせようとしてきたが、ロボットは被曝に弱い。なぜなら命令が書き込まれているIC チップに放射線が当たれば、命令自体が書き変わってしまうからである。そのため、これまでに送り込まれたロボットはほぼすべてが帰還できなかった。

　2017年1月末に、東京電力は原子炉圧力容器が乗っているコンクリート製の台座（ペデスタル）内部に、いわゆる胃カメラのような遠隔操作カメラを挿入した。圧力容器直下にある鋼鉄製の作業用足場に大きな穴が開き、圧力容器の底を抜いて熔け落ちて来た炉心が、さらに下まで落ちていることが分かった。

　しかし、その調査ではもっと重要なことが判明した。

　人間は全身で8シーベルト被曝すれば、確実に死ぬ。圧力容器直下での放射線量は1時間当たり20シーベルトであり、それすら大変な放射線量である。しかし、そこに辿り着く前に530あるいは650シーベルトという放射線が計測された。そして、この高線量が測定された場所は、円筒形のペデスタルの内部ではなく、ペデスタルの壁と格納容器の壁の間だったのである。

　……フクシマ事故の収束など今生きている人間のすべてが死んでも終わりはしない。

　もし仮に、熔け落ちた炉心を容器に封入することができたとしても、それによって放射能が消える訳ではない。その後数十万年から100万年、その容器を安全に保管し続けなければならないのである。

　発電所周辺の環境でも、極度の悲劇がいまだに進行中である。

　事故当日、原子力緊急事態宣言[1]が発令され、初め3キロ、次に10キロ、そして20キロと強制避難の指示が拡大されていき、人々は手荷物だけを持って家を離れた。家畜やペットは棄てられた。

　そしてさらに、福島第一原子力発電所から40〜50キロも離れ、事故直後は何の警告も指示も受けなかった飯舘村は、事故後1カ月以上たってから極

1　原子力緊急事態宣言は、原子力施設で極めて重大な事故が発生したとき、原子力災害対策特別措置法に基づき内閣総理大臣が発出する。東京電力福島第一原子力発電事故により2011年3月11日午後7時3分に初めて発令され、現在も継続中である。

度に汚染されているとして、避難の指示が出され、全村離村となった。……

　避難した人々は、初めは体育館などの避難所、次に、2人で四畳半の仮設住宅、さらに災害復興住宅や、みなし仮設住宅へ移動させられた。その間に、それまで一緒に暮らしていた家族はバラバラになった。生活を丸ごと破壊され、絶望の底で自ら命を絶つ人も、未だに後を絶たない[2]。

　それだけではない。極度の汚染のために強制避難させられた地域の外側にも、本来であれば「放射線管理区域」にしなければいけない汚染地帯が広大に生じた。

　「放射線管理区域」とは、放射線を取り扱って給料を得る大人、放射線業務従事者だけが立ち入りを許される場である。しかも、放射線業務従事者であっても、放射線管理区域に入ったら、水を飲むことも食べ物を食べることも禁じられる。もちろん寝ることも禁じられる。放射線管理区域にはトイレすらなく、排せつもできない。ところが国は、今は緊急事態だとして、従来の法令を反故にし、その汚染地帯に数百万人の人を棄て、そこで生活するように強いた。

　棄てられた人々は、赤ん坊も含めそこで水を飲み、食べ物を食べ、寝ている。当然、被曝による危険を背負わされている。棄てられた人は皆不安であろう。被曝を避けるために、仕事を捨て、家族全員で避難した人もいる。子どもだけは被曝から守りたいと、男親は汚染地に残って仕事をし、子どもと母親だけ避難した人もいる。でも、そうすれば、生活が崩壊したり、家庭が崩壊したりする。汚染地に残れば身体が傷つき、避難すれば心が潰れる。

　棄てられた人々は、事故から8年以上、毎日毎日苦悩を抱えて生きている。

　それなのに国は、2017年3月になって、一度は避難させた、あるいは自主的に避難していた人たちに対して、1年間に20ミリシーベルトを越えないような汚染地であれば帰還するよう指示し、それまでは曲がりなりにも支援してきた住宅補償を打ち切った。そうなれば、汚染地に戻らざるを得ない人も出てくる。……

2　東日本大震災から8年、福島県における避難者数は4万1299人（岩手県3666人、宮城県2083人）、震災関連死者数は2250人（岩手県467人、宮城県928人）、震災関連の自殺者は104人（岩手県50人、宮城県57人）に及ぶ。

1年間に20ミリシーベルトという被曝量は、かつて私がそうであった「放射線業務従事者」に対して国が初めて許した被曝の限度である。それを被曝からは何の利益も受けない人々に許すこと自体、許しがたい。ましてや、赤ん坊や子どもは被曝に敏感であり、彼らには日本の原子力の暴走、フクシマ事故になんの責任もない。そんな人たちにまで、放射線業務従事者の基準を当てはめるなど、決してしてはならないことである。……

　……フクシマ事故の下で苦しみ続けている人たちの救済こそ、最優先の課題である。少なくとも、罪のない子どもたちを被曝から守らなければならない。

　それにもかかわらず、この国はオリンピックが大切だという。

　内部に危機を抱えれば抱えるほど、権力者は危機から目を逸らせようとする。そして、フクシマを忘れさせるため、マスコミは今後ますますオリンピック熱を加速させ、オリンピックに反対する輩は非国民だと言われる時が来るだろう。

　先の戦争の時もそうであった。

　マスコミは大本営発表のみを流し、ほとんどすべての国民が戦争に協力した。自分を優秀な日本人だと思っていればいる人ほど、戦争に反対する隣人を非国民と断罪して抹殺していった。しかし、罪のない人を棄民したまま「オリンピックが大切だ」という国なら、私は喜んで非国民になろうと思う。……

　原子力緊急事態宣言下の国で開かれる東京オリンピック。

　それに参加する国や人々は、もちろん一方では被曝の危険を負うが、また一方では、この国の犯罪に加担する役割を果たすことになる。

（2018年8月23日）

第6章
「今生きている人間のすべてが……」

ノーマ・フィールド
渡辺悦司訳、ノーマ・フィールド監修

2019年3月1日

　いつ原子力の廃絶に取り組もうと決意したかとの問いに対して、小出裕章氏は躊躇なく「1970年10月23日」と答えている。小出氏が京都大学原子炉実験所を助教として退職したのは2015年3月だ。ということは、1970年10月23日の決断までの段階と退職後の活動を合わせると、戦後国策の基軸ともいえる原子力発電を止めるという運動に半世紀も身を投じてきたことになる[2]。

　どうして小出氏は原発反対の決断について年月日まで特定できるのだろう。当時、彼は東北大学の工学部原子力工学科3回生であった。10代には、地質学が彼の情熱の対象だった。ふつう、大学受験のために全ての時間を捧げることが当たり前だった高校3年になっても、彼は地質クラブの部長をしていた（受験の準備は1月に始めた。つまり、そこそこ1月充てただけである）。山径を歩き、地質学者なら研究するであろう事物についてメモを取るのは、個人的な楽しみだった。大学では何か社会に有益なことをする決心をしていた。科学を志す多くの若者と同様、小出氏は「原子力の平和利用」[3]の夢に惹かれて

1　Norma Field, Translation, Introduction and Notes
　　Introduction: "No One Who Is Alive Today　……" An introduction to "The Fukushima Nuclear Disaster and the Tokyo Olympics"；APJ-Japan Focus, March 1, 2019 インターネット版

2　以下の叙述の多くは、いくつかの小出氏の公衆への講演と2018年7月22日著者が行った小出氏のインタビューに基づいている。大学時代については、興味深いエッセイ、「走馬灯のようにめぐる思い出」を参照のこと。『鳴り砂』No.201（2005年9月）で見ることができる（文書名で検索のこと、以下も同じ）。

3　周知の通り、1953年12月8日、国連総会で「平和のための原子力」演説を行い、日本への特別

いた。当時原子力工学科が置かれていたのは象徴的にも旧帝国大学だけであり、暑い気候が嫌いな彼にとって、選択肢は、北にしかなく、北海道大学と東北大学だけだった。

　大学キャンパスは1968〜69年の学生運動で騒然としていた。その間も、小出氏はまだ、詰め襟の黒い学生服を着て授業に欠かさず出席していた。ほとんどの大学生はそんなものはすでに着なくなっていた時期である。政治嫌いは今日に至るものだが[4]、それにもかかわらず彼は学生運動の真髄を理解しようと努めた。彼の結論はというと、自分の研究分野の社会的意義を理解し、それに対する責任を負うこと。

　そして彼は、身近なところで、この結論を実行に移すことができる現場を見つけた。1968年、東北電力は、宮城県女川に原子力発電所を建設すると決定した。そこは、電気などほとんど使用しない漁村だった。村民とともに小出氏は、なぜこのようなプロジェクトが、種々の企業が本社を置く中心都市である仙台に誘致されないのかと疑念を抱いた。まもなく答えはあまりにも明白になった ——大都市にとっては原子力発電所で作られる電気は何としても欲しいものだが、原発の運転はあまりに大きな危険をもたらすので、大都市から遠く離れた地点での立地を必要とするということだった[5]。（東京電の福島原子力発電所が東京に電力を供給するためにのみ操業していたことを想起された

な含みをもたせて「平和使用」の戦略的な夢を打ち上げたのは、ドワイト・アイゼンハワー米大統領だった。1954年3月1日に、アメリカがビキニ環礁で破滅的なキャッスル・ブラボー水爆を爆発させるまで3カ月もなかった。以下を参照のこと。
・Yuki Tanaka and Peter Kuznick's "Japan, the Atomic Bomb, and the 'Peaceful Uses of Nuclear Power,'" APJ-Japan Focus（May 2, 2011）、
・Ran Zwigenberg, "The Coming of a Second Sun: The 1956 Atoms for Peace Exhibit in Hiroshima and Japan's Embrace of Nuclear Power," APJ-Japan Focus（February 4, 2012）
4　当然、彼は政治の重要性を否定しているわけではない。インタビュー「小出裕章さんに聞く——『原子力村』ではなく『原子力マフィア』」（2015年3月24日）を参照のこと。
5　原子力発電所が建設される地域が相対的に貧しいことは、立地地点選択の際に欠かせない条件である。小出氏はこれらなどの差別的な慣行に極めて敏感である。いずれにせよ、「遠く離れた」という定義は日本のように小さく人口稠密な国ではこの上なく相対的なものである。日本の主要都市から原子力発電所の距離を示す4枚の地図を参照のこと（「全国の原発からのおおよその距離を知る為の日本地図」で検索のこと）。
　各原発を中心に半径20km（12マイル）の円を描くならその圏内には主要都市は入ってこない。しかし、その円が100km（62マイル）に拡大されるならば状況はまったく変わる。その2倍の距離200km（124マイル）の円にすると、主要都市どころか実質的に日本全土が重なり合う円に覆われるのである。

い）。彼は村民の話を聞いて、原子力を推進する教授と論争した。1970年10月23日は、女川原発反対期成同盟の初の大集会の日だった。小出氏は、東北大学がある仙台と女川の間で二重生活を始めることになる。彼と同じく車を持たない同志たちは、地域の村落を歩き、ビラを配り、1人暮らしの年配者の話し相手となり、さらには建設を遅らせるためパワーショベルで掘られた穴に飛び込むことまでやった。やがて逮捕者も出て、その裁判は原子力の安全性に異議をとなえる日本で最初の裁判闘争となった。

　小出氏と女川との直接の関わりは1974年に終わった。彼が京都大学原子炉実験所[6]に就職したからだ。彼はそこで、5人の原発に批判的な同僚と出会い、後に彼らは「熊取6人組」として知られるようになる。「6人組」とは、中国の文化大革命の際の「4人組」を連想させる呼び名で、彼らは後に反逆者と見なされ投獄された。同じように、京都の6人組も、国から与えられた任務に対する反逆者だと、しばしば非難された。「熊取」は京都大学原子炉実験所が所在する大阪府の町名で、交通の便が悪く、京都大学から遠く離れている。これ自体、いかに住民が、研究のためとはいえ原子炉のそばで暮らすことに、反感を抱いていたかを物語っている[7]。これらの科学者グループは、自らの専門知識を傾注して一般市民が原子力の危険性を理解できるように努めた。当然ながら、彼らは学者世界の出世コースから外れていた。それでも小出氏は「何らかの圧力を受けたことはない」と繰り返し言っている。研究所での彼の専門は放射線測定で、原子力安全研究グループの一員として廃水を含む放射性廃棄物の処分を監督することが仕事だった。きちんと職務を果たしていれば、彼は、同僚とともに反核の活動も含めて、自分が選んだ研究や活動を続けることができた。こんなことが可能だったのは、彼が勤務していたのが東京大学ではなく、基礎研究が強調され個々の研究者が尊重される伝統をもつ京都大学であったからだと言う。小出氏は2015年に、大学の職階の最も低いランクで、つまり誰も部下に持たずに[8]、引退した。彼の性格

6　2018年4月現在の名称は、京都大学複合原子力科学研究所
7　小出氏は、さらに、熊取への立地そのものが、京都大学が不可能なこと——研究所からいかなる放射性物質も大気中あるいは排水として放出しない——を保証する公式協定に調印するという詐欺的行為まで行うことによって得たものであると考えている。
8　たとえば、「東大なら活動できなかった、京大小出助教が今春退職」『サンデー毎日』2018年3月15日号、「小出裕章助教定年インタビュー」東京新聞2015年3月23日（それぞれ文書名で検索

にふさわしい辞め方だった。長野県松本市へ引っ越してから、2011年3月11日以後ずっと続けてきた過酷なスケジュールを減らした。だが彼は、自分が貢献できると感じている活動に、主に講演や執筆活動の形で、参加し続けている。戦争反対を主張する市民として、彼は「アベ政治を許さない」と書いたプラカードを掲げて毎月3日に松本駅前のスタンディングを続けている。

小出氏が2020年の東京オリンピックの問題に立ち向かうようになるのも当然だった。安倍首相は、福島災害が始まってから2年4カ月後、2013年9月7日にブエノスアイレスで行ったスピーチの中で、国際オリンピック委員会に対して次のように公言した。状況は「アンダー・コントロール」されており、福島事故は「東京に何の影響も及ぼさなかったし（今後も）及ぼさない」[9]と。安倍の声明は、1964年以来初めて東京にオリンピックを誘致する上で、決定的であった。それに続く記者会見で、安倍はさらに、汚染水は港湾内の0.3平方キロメートルに封じ込められていると追加した[10]。だがこの発言は他ならぬ東電を困惑させた。なぜなら8月の終わりに、東電はタンクからの漏洩を認めたばかりで、東電は、シルトフェンス（港湾資材）によっては、汚染水を港湾内に完全に封じ込めることができないと認めざるを得なかったのである。

こうした問題はさておき、2020年のオリンピック・パラリンピックが結局3兆円（およそ264億ドル）の費用がかかるという予測を見ると、人々はしばし息を飲むかも知れない。史上最も「コンパクトなオリンピック」[11]が約束されていたのに、当初予算の何倍もかかることになるからである。東京オリンピックはしばしば「復興五輪」と喧伝されているが、この大金が東日本大震災の被害者、とくに長期にわたる核災害の被災者のために活用され得るか想像に難くない。オリンピック予算のほんの雀の涙でもあれば、強制避難であ

のこと）。

9　英語のテキストは以下で検索のこと。
　・Presentation by Prime Minister Shinzo Abe at the 125th Session of the International Olympic Committee（IOC）Saturday, September 7, 2013

10　以下の文書名を参照のこと。「汚染水、安倍首相の『完全にブロックしている』発言が東電発表と食い違い」

11　毎日新聞の報道。それは2018年10月からの会計検査院の実際の報告から始まっている。
　・National expenditure for Tokyo Olympics set to run 7 times over earlier budget estimate: report

ろうと「自主」避難であろうと、避難者の人々に対する十分な住宅支援を継続することができたであろう。日本政府は、そうする代わりに、もともと最小限に設定された避難区域を、懸念すべき被曝状況が続いているにもかかわらず、つぎつぎと無謀にも解除し、住民を帰還させる方針を進めている。

　オリンピックのサッカー・センター（「Jヴィレッジ」）は、東京電力が事故に対応する作業員のための基地として使っていた（作業員らはそこで寝泊まりし、防護服を装着し、放射線検査を受けた）。同センターは、今なお放射能によって汚染されているが、それにもかかわらず日本代表のサッカー・チームのトレーニング場に予定されているのみならず、聖火リレーの出発点になることも発表されている。なお、ソフトボール6試合と野球1試合が福島市のあずま県民公園で開催される予定だ。

　この間、いくつかの不穏な出来事が明るみに出てきた。フランスの検察当局は、誘致過程での日本オリンピック委員会トップを贈賄容疑で告発した[12]。政策面で影響力を持つある原子物理学者が、一般公衆の被曝量を3分1に過小評価したことが判明している[13]。福島県の放射線健康リスク管理アドバイザー・山下俊一医師は、災害の10日後に、福島の人々に対して、心配ないと請け合い、「ニコニコ笑っている人に放射能は来ません」と断言していた。だが同氏は同時に（つまり同じ日に）、専門家たちに対して、子供たちの甲状腺がんについて深刻な懸念を抱くべき理由があると述べていた[14]。2011年4月、放射線医学総合研究所（NIRS）の理事（当時）であった明石真言医師は、甲状腺がんのリスクを予期して疫学的研究調査を実施する必要は「ない」と総理府に進言していた[15]。言い換えると、こういうことが判明してきたのだ。本来責任を取るべき当局者たちが、災害の最初期から、放射線被曝からの健康

12　"Japan's Olympics Chief Faces Corruption Charges in France," *New York Times,* January 11, 2019を参照のこと。

13　朝日新聞英語版2019年1月9日、"Radiation Doses Underestimated in Study of City in Fukushima," Retraction Watch サイトの "Journal flags articles about radiation exposure following Fukushima disaster"、黒川真一と島明美による「住民に背を向けたガラスバッジ論文──7つの倫理違反で住民を裏切る論文は政策の根拠となり得ない」『科学』第89巻：2019年2月2日。それぞれの文書名で検索のこと。

14　「震災後『放射線ニコニコしている人に影響ない』山下・長崎大教授『深刻な可能性』見解記録」東京新聞、2019年1月28日。

15　「官邸に『疫学調査不要』福島原発事故で放医研理事」東京新聞、2019年2月18日。

影響の可能性を否定するためだけでなく、将来不都合となり得る記録の作成をそもそも許さないか、少なくとも最小限に抑えるために、組織的な努力を行って来たということである。医療ジャーナリストの藍原寛子氏は、少なからず皮肉を込めて指摘している。「たしかに東京オリンピックは『震災からの復興』を示すためのすばらしい機会となるであろう」。だがそれだけではない。それは、「国策の原発が人災を起こし、被災地住民が長期間避難し、犠牲になっている福島の現状が、国際的に周知される絶好の機会になるのは確実だ」と[16]。

　2020年東京オリンピックはいわば「ポチョムキン村」——つまり実態を訪問者の目から隠すために作られた見せかけ——のようなものになるだろう。『フクシマ事故と東京オリンピック』で小出氏は「人々の幸せ」について問うて、こう答えている。「多くの人にとって、家族、仲間、隣人、恋人たちとの穏やかな日が、明日も、明後日も、その次の日も何気なく続いていくことこそ、幸せというものであろう」。「復興五輪」はこうした幸せが破壊されてしまったことを覆い隠そうとするものだ。たとえ外国からの訪問客がこの欺瞞を見抜くことができないとしても、彼らは自分たちが参加したことの重大な意味から免れることはできないと、小出裕章氏は論考で説明する。「原子力緊急事態宣言下の国で開かれる東京オリンピック。それに参加する国や人々は、もちろん一方では被曝の危険を負うが、一方では、この国の犯罪に加担する役割を果たすことになる」のだと。

　（小出裕章「福島原発事故と東京オリンピック」の翻訳・序文・注記より序文部分の日本語訳）

---

16 「『聖火リレー』誘致に被災地福島の住民が冷ややかなわけ」『週刊金曜日』（2018年10月31日）。以下も参照のこと。Follow Up on Thyroid Cancer! Patient Group Voices Opposition to Scaling Down the Fukushima Prefectural Health Survey *AFJ-Japan Focus*（January 15, 2017）

第7章
アーニー・ガンダーセン著
『放射能被害へのぬり薬』紹介

渡辺悦司

世界的に著名な反原発の活動家アーニー・ガンダーセン氏は、東京オリンピックの被曝リスクについて重大な警告を発する論考を書いている。それは、2部に分かれた大変な力作かつ重要なもので、ガンダーセン氏の主宰するNPOフェアウィンズ・エナジー・エデュケーションのホームページに掲載されている。第1部は「安倍首相は東京オリンピックを福島原発メルトダウンを癒やすインチキ薬として利用している」と題され、第2部は「命かけて走れ・逃げろ東京オリンピック」というタイトルが付けられて、東京オリンピックへの不参加への呼びかけが示唆されているように感じる。以下、これらの論考の要旨を紹介する。要約であり完全な翻訳ではないことをご留意願いたい。日本語の翻訳全文はフェアウィンズのホームページに掲載されている[1]。

1 安倍首相は東京オリンピックを福島原発メルトダウンを癒やすインチキ薬として利用している　2019年3月1日付

アーニー・ガンダーセン氏は書いている。「放射能というヒドラ的魔物による多面的な災厄から日本が脱出する工程表など存在しなかったし今も存在しない。現在、放射能は福島から再浮遊・再飛散しながら移動しつつあるが、その拡散を止め除染するという、幾ら資金をつぎ込んでも十分ではない試みは成功していない。日本政府は、自国の一般公衆の放射線被曝を減らすことに対応を集中するのではなく、代わりに世界の注目を東京で行われる予定の2020年のオリンピックに向けようとしてきた」と。ガンダーセン氏の福島原発事故の評価——「福島第一原発での原子炉3基のメルトダウンは、人類がこれまでに引き起こした最悪の破局的産業災害である」という点は非常に重

要である。

　ガンダーセン氏は、日本政府の対応策を「日本の原子力関連産業が、古い原発を運転し続けるだけでなく、新しい原子炉を建設できるようにするためである。日本政府が取った対応策が示しているのは、明らかに、安倍政権にとって、日立・東芝・東京電力などのような原発関連企業の存続が、福島からの16万人の避難者の生存や日本の農業や水産養殖業からの食糧供給の未来よりも重要であるということである」と強く批判する。

　オリンピックについての重要な指摘は、以下の点である。

　　オリンピックのアスリートたちが事故原発からの放出放射性降下物に影響を受けるかを検証するために、フェアウィンズ・エネルギー・エデュケーションの後援を受け、マルコ・カルトーフェン博士と私（アーニー・ガンダーセン）は、2017年の秋、オリンピックの会場を実際に訪れた。われわれは、福島のオリンピック・スタジアムの中で、またオリンピックの聖火ルートに沿って、さらには遠く離れた東京でも、土壌と粉塵のサンプルを直接採取した。聖火ルートとオリンピック・スタジアムのサンプルを検査すると、福島のオリンピック球場の土壌から、セシウムで6,000Bq/kgという非常に高い放射能が検出された。それは、米国の土壌と比較して3,000倍の放射能であった。駐車場の放射線レベルも、ここ米国と単純に比較して50倍も高いと判明した。オリンピックの競技が行われる予定のあずま運動公園（事故原発からおよそ90kmの距離にある）では、土壌と粉塵のサンプルは、「78.1Bq/kg から6176.0Bq/kgの範囲にあった」。

　　事故原発により近い「観光ルートや提案された聖火ルート、さらにはオリンピックとは関係のない別の場所」のサンプルは、放射線量もいっそう高かった。測定に基づくとあずま運動公園地域の近くで生活している人々の放射線被曝量は、東京に住んでいる人々の被曝量との比較で「20.7倍高い」と考えられるという。主な観光客ルートおよび提案されている聖火ルートは、「東京の放射線被曝量の、それぞれ24.6倍および60.6倍を示していた」という。

2　命かけて走れ・逃げろ東京オリンピック　　2019年3月8日付

　第2部のタイトルはダブルミーニングで、そこでは東京・福島での被曝リスクから、オリンピックへの不参加が暗示されているように感じられる。

　ガンダーセン氏は、とくに放射性微粒子（ホットパーティクル）による内部被曝の深刻性に注目している。「ホット・パーティクルの中には、平均的なものよりも非常に放射線量の高いものがある」ということである。ガンダーセン氏はカルトーフェン氏とともに、査読のある科学誌に論文を掲載している。そこでは、「微粒子のうちの5％超に、調査した全300個の微粒子の平均よりも、最高で1万倍の放射能があったこと」が立証された。このことは、「これらの高い放射能をもつ放射性微粒子によって、人々の内臓が、避難者一般が受けるよりも極めて高い、極度に高レベルの放射線影響を受けることを意味する」と結論している。

　ガンダーセン氏は「日本政府が、東京オリンピックの開催によって、『すべては正常である』という虚像を作り出すためにすべての人々をこのように被曝させることのもつ重大性である」と強調している。

　放射性微粉塵・微粒子は福島から移動・再浮遊・再飛散している点をガンダーセン氏は強調する。

　　放射性微粉塵は福島から移動・再浮遊・再飛散しており、事故以前に原子炉の近郊で居住し現在帰還することを強制されている極めて多数の人々にも、原発からさらに離れて住んでいる何十万もの人々にも、壊滅的な影響を及ぼしてきたし、今後も及ぼし続けるであろう。日本政府が理解していないのは、現在の日本は、実際には世界も、福島第一原発災害の前にあった日本や世界とはまったく違うということである。日本は、避難者の人々に、汚染された町村に戻ることを強要し続け、放射能汚染の可能性がある福島産の製品を市場に出し続けている。

　ガンダーセン氏は、事故からの避難者に心を寄せて、「本当の犠牲者、見えないところに押しのけられているこの人々にこそ関心を集中しなければな

らない」と訴えている。「日本政府は、オリンピックに莫大な資金を使いながらも除染コストは切り下げるために、16万人の福島からの避難者たちをまるで放射線モルモットであるかのように扱っている。避難者の人々を再汚染された地域に帰還するよう強要し、『すべては問題ない』と世界に信じ込ませるように努めている」と日本政府の対応を厳しく批判している

　ガンダーセン氏の論考は、避難への支援と組織化を勧告する次の言葉で終わっている。

　　オリンピックに投入されている数千億円の莫大な資金は、福島第一原発災害によって住処を追われた人々を支援するのに使うなら、より適切な使い途となるであろう。これらの家族を支援し、現在帰還を強制されつつある汚染地域から遠く離れた所に、定住地と定職、支えとなる新しいコミュニティを見出すことができるようにしなければならない。

編集者追記：野球とソフトボールの会場となる福島あずま球場におけるセシウム137ベースで最大6176.0Bq/kgの土壌汚染という数値について一言付言しておきたい。日本政府の換算係数（×65）を利用して平方メートル当たりに換算すると40万1440Bq/㎡となる。これはチェルノブイリ法での移住（避難）の権利が得られる区域（18万5000 〜 55万5000Bq/㎡、1 〜 5mSv/yに相当する）にあたり、しかも強制移住（避難）レベルにかなり近い水準である。避難指示が最近解除されたような汚染度の高い地域（政府基準での帰還基準20mSv/yは実質33mSv/y）に10日あまり滞在すれば、国際的な一般公衆の年間被曝限度1mSvを上回る外部被曝量になる。これにさらに食品の放射能汚染度が加わるので、福島への観光旅行もまた十分なリスクがある。（渡辺悦司）

第8章
東京オリンピックを返上せよ

村田光平（元スイス大使）

　村田光平氏は東京でのオリンピック開催に早くから反対してきた。氏のご好意により、以下に雑誌『月刊日本』（2018年9月号）に掲載された村田氏のインタビュー記事を転載させていただいた。その際、哲学的倫理的な立場から著者・寄稿者リストには掲載しないという意向を示され、同リストには記入していない。（渡辺悦司）

　——村田さんは3.11の遥か以前から原発に対して警告を発してこられました。なぜ原発問題に関心を持つようになったのですか。

　村田　私が原発に関心を持つようになったのは、1986年にソ連のチェルノブイリで原発事故が起こったからです。私は当時、国連局の参事官を務めていました。事故の報道に接しながら、これは大変なことが起こったぞと思いましたね。

　この時、ソ連当局は事故処理のためにおよそ90万人もの作業員を投入しました。事故発生直後には3万の軍隊も動員しています。それにより、事故発生からわずか7カ月で、「石棺」と呼ばれる、原発を覆うための巨大なコンクリートの建造物を作り上げました。

　しかし、これはソ連だからできたことです。ソ連のような独裁的な国家だからこそ、強制的に作業員を導入したり、周辺住民を移住させることができたのでしょう。日本のような民主国家ではよほどの決意と指導力なしではほぼ不可能です。私はこの様子を見ながら、もし日本で原発事故が起こったら大変なことになるだろうと思っていました。

　残念ながら、私の心配は3.11で現実のものとなってしまいました。安倍

総理のIOC総会での事実に反する「アンダーコントロール」発言は世界を驚かせました。現在の福島原発の状況は収束からは程遠く、事態の悪化すら深刻に懸念されております。

　例えば、東電は汚染水対策のために、原子炉建屋周辺の土壌を凍らせて地下水の流入を防ぐ「凍土壁」を作っています。しかし、これは建設当初より、停電になったらどうするのかなどが問題になっていました。そして、まさに一時的だったとはいえ、7月28日（2018年）に凍土壁の設備は電源を失いストップしてしまいました。

　また、この時同時に、原子炉内に窒素を送り込む装置もストップしてしまいました。この窒素は水素爆発を防ぐためのものです。逆に言えば、これが限度を超えて止まってしまえば水素爆発が起こるということです。

　問題は他にもあります。アメリカの原子力専門家であるアーニー・ガンダーセン氏は、実験の結果、4号機に格納されている燃料棒を覆っているジルコニウムは空気に触れると火災が生じると主張していました。そこで、3年に及ぶ院内のヒアリングで政府、東電関係者に対応策について問い質しましたが、何の備えもしていないことがわかりました。

　幸いなことに、4号機の燃料棒は昨年末（2017年）までに全て取り出されたため、最悪の事態は避けることができました。もっとも、同様の問題が1〜3号機にもあります。これらは放射線量が高く近付けないため、手がつけられない状況にあり、4号機よりも事態ははるかに深刻と言えます。

　私が最も心配しているのは、福島原発で再臨界が起きているのではないかということです。この点については、『週刊プレイボーイ』（2018年5月4日号）が「CTBT（包括的核実験禁止条約）に基づき『日本原子力開発機構』が群馬県高崎市に設置した高感度の放射性核種監視観測システムには、昨年（2017年）12月から福島第一原発の再臨界を疑わせる放射性原子、ヨウ素131とテルル132が検出され続けている」と報じています。また、水蒸気の放出や閃光など、再臨界を傍証するような現象がいくつも伝えられております。

　実際に再臨界が起きているかどうかについては専門家の意見は分かれます。しかし、国民の間のパニックを回避するためにも、再臨界の有無を検証することは重大な緊急課題だと思います。世界にその必要性を訴えております。

——村田さんは原発事故について国際社会に対してもメッセージを発信し
　続けています。

　村田　私は福島原発事故を含め、過酷な原発事故を解決するためには、国
際社会の協力が不可欠であることが示されていると考えています。もはや一
国だけでは事故を収束させることができないことは明らかです。

　世界もそのことに気づいています。それ故、もし日本政府が国際社会の協
力を拒み続ければ、福島が地球規模の破局に発展するのを防ぐために国際管
理下に置こうとする動きが出てくる可能性を排除できません。極論すれば日
本は、国際協力か国際管理のどちらの選択を迫られることになり得ます。

　——7月にはIOCのバッハ会長にも手紙を送ったそうですね。

　村田　私がバッハ会長に手紙を送ったのは、福島原発の現状に加え、東京
オリンピックについて日本の世論が変化しつつあることを知らせるためです。
例えば、2018年7月12日放送されたテレビ番組「サンデーモーニング」で、
コメンテーターの寺島実郎氏及び岸井成格毎日新聞特別編集委員が、オリン
ピックの返上に言及したと伝えられております。寺島氏のような影響力のあ
る人物がオリンピック開催について不安を口にするのは初めてのことです。

　今、日本がすべきことは、東京オリンピックを返上し、福島原発事故の解
決に最大限の力を注ぐことです。仮に福島原発で再臨界が起きていることが
検証されれば、再稼働もオリンピックも問題外となります。

　これは私の持論ですが、天地の摂理（哲学により究明される歴史の法則）は不
道徳の永続を許しません。現に、不道徳を象徴する新国立競技場建設は、白
紙撤回に追い込まれました。想像を超える福島の苦しみを忘れさせる不道徳
な東京オリンピックからの「名誉ある撤退」こそ、日本にとって唯一の、そ
して最も適切な選択なのです。

拝啓
バッハ会長へ

　ある日本の著名な原子力専門家がフェアウィンズ・エネルギー・エデュケーションのアーニー・ガンダーセン氏の書いた２本の記事を私に送ってくれました。
　それらは、東京五輪に関して、否定のしようがない放射能リスクについての重大な警告です。
・「放射能被害へのぬり薬　第１部：安倍首相は東京オリンピックを福島原発メルトダウンを癒やすインチキ薬として利用している」
https://www.fairewinds.org/demystify/atomic-balm-part-1-prime-minister-abe-uses-the-tokyo-olympics-as-snake-oil-cure-for-the-fukushima-daiichi-nuclear-meltdowns
・「放射能被害へのぬり薬　第２部：命かけて走れ・逃げろ東京オリンピック」
https://www.fairewinds.org/demystify/atomic-balm-part-2-the-run-for-your-life-tokyo-olympics
　2020年の東京五輪の新たな問題を表面化しようと取り組んでいるこの２本の記事が、あなたのお役に立つことを願っています。

敬具

2019年3月24日

元駐スイス日本大使
村田光平

第9章
オリンピックのために原発事故被害者を切り捨てるな

山田知惠子　岡田俊子

　福島第一原発事故は未だ収束しておらず8年後の今でさえ、ガレキの撤去もできていない。しかし現在、政府による「安全」だから福島に帰れという宣伝が大々的にされている。政府や原子力村にとっては原発事故はすでに終わった事にするのが最も重要である。「原発事故避難者」「原発事故被害者」は大変都合の悪い存在なのだ。そのためオリンピックを利用して見せかけの「復興」を押し進めようとしている。

　福島県の小児甲状腺がんはすでに270人を超えると言われているが、命と安全を軽視したため、小児甲状腺がんの正確な実態さえ把握できていない。また5万人とも言われる避難者も次々と住宅補償などを打ち切られている。原発事故の責任は安全対策を怠り危険な原発を運転してきた東電と政府にある。それなのに復興アピール、オリンピックの為に被害者は切り捨てられ人権を無視され続けている。

　原発事故由来の放射性物質は今も東京湾を汚染している。印旛沼方面から流れる花見川河口の川底からは事故から7年目の2017年9月でも698bq/kg（東京新聞調べ2017.10.25記事）のセシウムが検出されている。川底の表層近くの濃度が高いことから、現在も上流から新たなセシウムが運ばれているとみられる。

　また関東各地の水道水でも最近セシウム値が高くなっているとの情報もあり私たちの生きる源の水の安全性も脅かされている。事故後、日本政府の設定した食品の放射能基準値は事故前に私たちが口にしていたものと比べて数万倍もの値である（表1参照）。私たちはこれまで経験したことのない放射能汚染の中で生活しているのだ。

　最近日本政府が韓国に対し福島など8県の水産物の輸入禁止を不当である

表1　事故前と事故後の食品の放射能基準値の比較

	単位	事故前の食品 事故前（H20年度）の 食品放射能濃度*		現在の基準値 厚生労働省 H24年度基準値**
上水	Bq/L	0.00004	10	250,000倍
米	Bq/kg	0.012	100	8,300倍
根菜	Bq/kg	0.008	100	12,500倍
葉菜	Bq/kg	0.016	100	6,300倍
牛乳	Bq/L	0.012	50	4,200倍
魚類	Bq/kg	0.091	100	1,100倍
製茶（乾燥）	Bq/kg	0.240	100	420倍

＊　セシウム137の値。半減期は約30年。福島原発事故前は基準値がなかったので全国の食品のセシウム平均値を示した。
＊＊セシウムの値。
出典：日本分析センター平成20年度事業報告書より。Bq（ベクレル）：放射性物質が放射線を出す能力（放射能）の強さ

作成：脱被ばく実現ネット

　と訴えた件について、世界貿易機関（WTO）は日本政府の訴えを退け輸入禁止措置を妥当とした。韓国だけでなく2019年3月19日現在、アメリカが福島の野菜など14の県の食品を輸入停止としているのをはじめとして8つの国が日本の食品の輸入規制を続けている。またEU各国など多くの国で日本からの輸入食品には政府作成の放射能物質検査証明書を要求している。多くの国で日本食品の放射能汚染に対する警戒を解いていない。このような放射能汚染の中で開催するオリンピックには反対せざるを得ない。

　私たちの活動は2011年6月に郡山市の小中学生を原告に、「福島第一原子力発電所事故により汚染した地域から安全な場所に避難させよ」という「ふくしま集団疎開裁判」を支援する会として始まった。2015年8月からは新たな裁判（子ども脱被ばく裁判）の応援と脱被ばくを訴える広範な個人・団体とのネットワークを築きチラシ配布やデモ、講演会などを通じて、被ばくからすべての人を守ろうという運動を続けている。現在は地方からチェルノブイリ法日本版の条例制定活動を！という運動も応援している。

写真

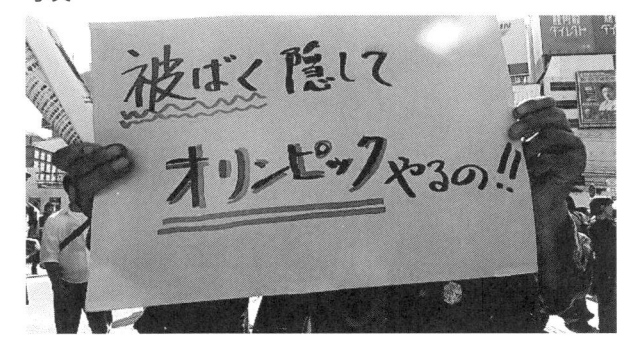

編集者追記：2019年5月11日には、「被ばく隠してオリンピックやるの！」をスローガンの1つとして東京・新宿で170人がデモを行った。「被ばく隠してオリンピックやるの！」のプラカードも掲げられた。

第 10 章
「チェルノブイリ法日本版」と
東京オリンピック

柳原敏夫

　福島原発事故で私達は途方に暮れました。日本全土と近隣国を巻き込み、過去に経験したことのない未曾有の無差別過酷災害だからです。ところが未曾有の事故にもかかわらず、従来の災害の発想で救助・支援が行われ、そして支援は打ち切られました。「新しい酒は新しい皮袋に盛れ」、これが私たちの立場です。未曾有の無差別過酷事故には未曾有の無差別の救済が導入されるべし、それが健康被害が発生しようがしまいが事前の一律救済を定めた、原子力事故に関する世界最初の人権宣言＝チェルノブイリ法です。

　福島原発事故で私達は途方に暮れました。放射能は体温を0.0024度しか上げないエネルギーで人を即死させるのに、目に見えず、臭わず、痛くもなく、味もせず、従来の災害に対して行ったように、五感で防御するすべがないから。人間的スケールでは測れない、ミクロの世界での放射能の人体への作用＝電離作用という損傷行為がどんな疾病をもたらすか、現在の科学・医学の水準では分からないから。つまり危険というカードが出せない。にもかかわらず、危険が検出されない以上「安全が確認された」という従来の発想で対応し、その結果、人々の命、健康は脅かされました。「危険が検出されないだけでは足りない。安全が積極的に証明されない限り、人々の命を守る」、これが私たちの立場です。つまり人々の命を被ばくというロシアンルーレットから守る。それが予防原則で、これを明文化したのがチェルノブイリ法です。

　福島原発事故で私達は途方に暮れました。最初、人々は除染で放射能に勝てると教えられましたが、それが無意味な試みと分かると口を閉ざしたからです。避難できず、苦悩が人々の避難場所となりました。「苦悩という避難場所から脱け出し、真の避難場所に向かう」、これが私たちの立場です。そ

れが美しい謳い文句にとどまらず、現実に、安全な避難場所に避難する権利を保障したチェルノブイリ法です。

　原発事故の本質は戦争です。国難です。他の全ての課題に最優先して、その全面的救済を実現する必要があります。同時に歴史の教えるところは、国難において、国家はウソをつく、犯罪を犯す。現場にどんな悲劇があっても、一人一人の市民がその生死をかけて立ち上がらなければ何も生まれない（田尻宗昭）。それが、2018年3月スタートした、市民主導で日本各地から条例制定を積み上げていく、市民が育てる「チェルノブイリ法日本版」の会の市民運動です。

　原発事故は従来の常識が通用しない「人間離れした」災害です。同時に、天災ではなく、人間が作り出した災害です。私達には責任があります。私達の未来はこの原発事故に「適応」できるか否かにかかっている。日常生活に逃避することはできません。その責任を果さず、日常生活の究極のイベント＝オリンピックという避難場所に引きこもる余地はないのです。

　ただ、オリンピックにはこれをバカにできない例外があります。1987年、国内世論と国際世論が連携し、民主化の実現なしに平和の祭典は不可能だと、ソウルオリンピック開催と引き換えに悪名高い独裁制に終止符を打った韓国の民主化運動の成功です。外圧に弱い日本にとってこれは千載一遇のモデル。原発事故の放射能の脅威の中で人々が声も上げられず暮らす国で平和の祭典は不可能だ、放射能の脅威から免れて平和に生存する権利＝避難の権利が保障されてこそ平和の祭典も初めて可能になる——この真実を世界に訴え、東京オリンピック開催と引き換えに避難の権利の保障を実現すること、それが3・11以後の私達に残されたことです。　　　　　　　　　2019年5月18日

第 11 章
トリチウム汚染水の海洋放出に反対する科学者と市民の活動

山田耕作

日本政府は、事故原発内に溜まり続ける「処理済み」のトリチウム汚染水（トリチウムは除去にコストがかかるので処理されていない）の海洋投棄を、オリンピックが始まるまでに開始しようとしていた。後に見るようにこの「処理済み」というのは全くの嘘であり、ストロンチウム 90 を含むいろいろな放射性核種に深刻に汚染されていた。つまり、オリンピックで訪れる世界のアスリートと観光客を、追加的な放射能汚染で迎えようとしていた訳である。

市民と科学者の内部被曝問題研究会有志は、内部被曝を憂慮する市民と科学者とともに、海洋投棄に反対する運動を行った。2018 年 7 月以来、以下の決議を経済産業省、原子力規制委員会、東京電力、福島県に 6 回にわたって提出し、福島原発事故により発生したトリチウムを含む汚染水を海洋投棄しないよう要請した。海外を含め、世界各地の賛同団体 41，賛同者 366 名の厳しい要請であった。

1 トリチウムを含む福島原発放射性廃液の海洋投棄に反対する決議

市民と科学者の内部被曝問題研究会有志及び内部被曝を憂慮する市民と科学者
2018 年 7 月 20 日

福島原発事故によるトリチウム総量は約 3400 兆ベクレル、2014 年 3 月でタンク貯留水中に 830 兆ベクレルのトリチウムがあると発表されている。この膨大な放射性廃液はその後も増加する一方である。そのため、漁連などの反対運動の隙があれば、政府・東電はトリチウムを含む福島原発事故廃液の処理・処分として、それを希釈して海洋に投棄しようとしてきた。現在、ここに至っていよいよ政府は海洋投棄の実施に踏み切ろうとしている。原子力規

制委員会の更田豊志委員長は規制するどころか海洋投棄を提唱し、先導している。

　我々は以下の理由で放射性廃液を海洋に投棄することは決してすべきでないと考える。

1.　トリチウムは生命・健康への危険性が少ないと誤解されているが非常に危険な放射性物質である。なぜなら、人体の大部分を占める通常の水と化学的に区別がつかず、生体のあらゆる場所に取り込まれ、内部から被曝させ、活性酸素等を介して間接的に細胞膜やミトコンドリアを破壊する。また、直接的に遺伝子、DNAの化学結合を切断する。トリチウム特有の危険性として遺伝子の水素原子とトリチウムが入れ替わるとベータ（β）崩壊でトリチウムがヘリウムに変わることによって遺伝子の化学結合が切断される。

　　植物は炭酸同化作用によって水と炭酸ガスからでんぷんを作る。このでんぷんの水素原子がトリチウムに変わることによって有機トリチウムが形成され、動植物や人間が体の一部としてその有機トリチウムを長期間取り込み、内部被曝する。

2.　このようにして、原発から放出されたトリチウムによって玄海原発周辺の住民の白血病の増加、世界各国の再処理工場周辺の小児白血病の増加、原発周辺の小児がんの増加等が報告されている。現実に被害が発生しているのである。

3.　たとえ、希釈して海洋投棄されたとしても食物連鎖などの生態系を通じて濃縮される。さらに気化してトリチウムを含む水蒸気や水素ガスなどとなって陸地に戻り、環境中を循環する可能性がある。希釈すれば安全というのは過去に多くの公害問題でくりかえされた誤りであり、環境に放出される総量こそ問題である。それ故、放射性物質や有害物質は徹底的に閉じ込め生態系から隔離することが公害問題では唯一正しい原則的な対応である。

　以上のようにトリチウムは半減期が12年と長く、長期にわたって環境を破壊する。生体の大部分を、さらに遺伝子をも構成する水素の同位体であるから、希釈して投棄して安全とは言えない。それ故、トリチウムの海洋投棄

を決して行わないよう政府・原子力規制委員会に強く要請する。

　以上の決議文による要請行動にあわせて政府経済産業省による「多核種除去設備等処理水の取扱いに関する小委員会」(山本一良委員長＝名古屋学芸大学副学長) の公聴会で海洋投棄反対を主張した。

2　公聴会では海洋投棄反対の意見が圧倒した

　2018年8月30、31日「多核種除去設備等処理水の取扱いに関する小委員会」による公聴会が福島県の富岡町、郡山市と東京の3カ所で開催された。意見発表者東京16名、海洋投棄賛成はゼロであった。

　郡山会場 (14名)、富岡会場 (14名) も含めて、どの会場でも、トリチウム以外の放射性物質が基準値以上に大量に残留していることが明らかになり、公聴会開催の前提条件が満たされていないとして紛糾・混乱した。海洋放出賛成は全意見発表者44名中2名のみであった。

　2018年9月28日の朝日新聞は汚染廃液について次のように報じた。

　「汚染水処理後も基準値越え

　浄化したはずの約89万トンの中、8割超に当たる約75万トンが放射性物質の放出基準値を上回っていた (東電発表)。基準値の最大2万倍もあった。ストロンチウム90が基準値の約2万倍の約60万Bq/L。他にCs137、ヨウ素129、Ru106、Co60、Sb125が残留する」。

　残留放射性物質の総量は、渡辺悦司の計算によると次の通りである。

ストロンチウム90

　東電による以前の新聞発表通り141Bq/Lの平均濃度だと仮定すると、溜まっている汚染水およそ100万トン (10億リットル) に対しては、1410億Bq (1.41 ×10の11乗すなわち0.141TBq [テラは10の12乗]) となる。上記記事の60万Bq/Lの濃度がタンク1基 (約1000トン) だけと仮定しても6000億Bq (0.6TBq)、このようなタンクが全体の1割もあれば、広島原爆によるストロンチウム放出量58TBqに相当する汚染が含まれていることになる。

ヨウ素129

ヨウ素129の濃度は、62Bq/Lと公表されているので、100万トンに対しては、およそ620億Bqとなる。驚くべきことに、これは、チェルノブイリ事故でのヨウ素129放出量（810億Bq）にほぼ匹敵する。

結局、公聴会後、山本委員長は再度ALPSで処理することを約束した。それでも規制委員会をはじめ政府は早期に海洋投棄することを諦めていない。海洋投棄による汚染は漁業に与える被害の大きさから漁業関係者からの強い反対がある。現実に石油備蓄船は1隻で88万トンを貯蔵でき、汚染水を貯蔵する方法はあり、公聴会でも提案されている。

3　決議を巡る議論の重要なポイントについて説明する

7月20日の決議の基礎となったトリチウムの危険性についての議論を紹介する。

文部科学省の『放射線副読本』の内部被曝のベクレルをリスクのシーベルトに換算する係数（mSv/Bq）の表（『放射線副読本』10ページ）では、トリチウムはセシウムに比べ3ケタ係数が小さく、危険でないように評価している。しかし、このICRPによる評価は正確でない。トリチウムの危険性を軽視した結果、世界各地でトリチウムによる被曝被害がみられる。

⑴　福島原発汚染水中のトリチウム量

決議では事故直後の東京電力発表の値、福島原発事故におけるトリチウム発生総量3.4ペタベクレル（3400兆ベクレル）を用いた。2014年の当時のタンク貯留水中のトリチウム量は0.83ペタベクレル（830兆ベクレル）が東京電力の発表値である（経済産業省ホームページ）。現在では貯留水中のトリチウムは1ペタベクレル（1000兆ベクレル）を超えるであろう。

定常運転においては、加圧水型原発の方が沸騰水型原発よりトリチウムの放出量が多い。これは原発の出力の調整にホウ素（ボロン）を使用するためである。その点で、定常運転による日本最大のトリチウム放出原発である玄海原発が2002年から2012年の11年間に放出したトリチウム総量が0.826ペタ

ベクレルである。これに匹敵するトリチウムを今回投棄するのである。

　福島事故以前に、日本の54基の原発が毎年放出していたトリチウム放出量は事故前5年間の平均で年間0.38ペタベクレルであったとされる（『日経新聞』2018年2月23日付記事）。つまり、もし政府の計画通り1～3ペタベクレルのトリチウムが短期間に海洋放出されれば、事故前の全原発が全国各地で放出した量の3～9年分が、福島の1カ所に集中して、短期間に投棄されることになる。

　後述するように投棄された汚染水は海流に乗って南に、東京方向に流れ、千葉県沖で黒潮とぶつかって拡散し、北アメリカに向かって太平洋を流れる。こうして日本近海さらには太平洋全体を汚染することになる。海洋生態系への影響、波浪によるトリチウム水の微粒子化や再飛散、蒸発による大気汚染や降雨による陸土のトリチウム汚染など環境への影響は計り知れない。

⑵　有機結合型トリチウムの濃縮についての議論

　海洋投棄反対運動を進めるなかで、トリチウムの環境中での濃縮一般とりわけ生態系の中での生物濃縮が議論になった。このテーマに関しては、2000年代に入って、研究に飛躍的な発展があったからである。

1　遠藤順子医師の説明

　トリチウムの生物濃縮についての問合せに対し、青森県弘前市の健生病院の医師でわれわれの前著『放射線被曝問題の争点』の共著者である遠藤順子氏の回答は以下の通りであった。

　　……トリチウムの生物濃縮の件ですが、かなり原子力側の研究が多いので、「生物濃縮はない」などと書かれている論文が多いようですが、私は、脂肪組織などに結合したトリチウム＝有機結合型トリチウムが食物連鎖を介して捕食側に蓄積されるのは当然のような気がしていました。
　　それで捜しましたが、やはり名取春彦著『放射線はなぜわかりにくいのか』（あっぷる出版社）の216ページ以降に書かれています。特に218～219ページです。その部分を抜粋しますと「……食物連鎖もない、多くの研究者がそのように考える。トリチウム水だけを考えればそれは正し

いだろう。しかし水素を持つ化合物は無数にある。炭水化物も脂肪も蛋白質も、DNAもホルモンも、生命に関するありとあらゆる物質が、その化学構造には水素が含まれている。その水素がトリチウムで置き換えられたらどうなるか。……脂肪のように、人体がグルコースなどとともに体内にある水素を利用して自ら合成する化合物がある。……あるいは食物連鎖を介して、トリチウムが複雑な高分子に組み込まれるルートもある。

　微生物は水、酸素、窒素などの無機物から有機物を合成する。その水にトリチウム水が混じっていれば、有機物にトリチウムが組み込まれることになる。その微生物をプランクトンが食べて栄養源とし、それを小魚が食べ、大きな魚を経て人間の口に入る。その過程でトリチウムが濃縮されたり、徐々に複雑な化合物に組み込まれていく……トリチウムが複雑なのはそればかりではない。一見変化のない細胞組織でも常に入れ替わっており、古いものは吸収され新しいものがつくられる。……」

　トリチウムチミジンなどを使って実際に実験を繰り返して来た、名取春彦医師の言葉は重要と思います。……

2　広島1万人委員会報告

広島1万人委員会報告によると摂取後トリチウムが体に留まる日数は、Rudran et al 1988年 の研究ではトリチウム水HTO6日、有機結合型トリチウムOBT1が30日、OBT2が226日であった。OBT2は炭素と結合した有機結合型トリチウムであり、500日以上留まるものもある。広島1万人委員会の優れた解説がある[1]。

3　生態濃縮の例

例1．論文Incorporation of Organic Tritium (3H) by Marine Organisms and Sediment in the Severn Estuary-Bristol Channel (UK) – *Science Direct Marine Pollution Bulletin Volume 42, Issue 10,* October 2001, Pages 852-86について

---

[1]　同委員会ホームページ「なぜ広島から伊方原発運転差止めを提訴するのか　報告2　大量のトリチウムの放出とその危険」

この論文で有機結合型トリチウムが生態系で濃縮されたということが示された。原発廃水中のトリチウム水ではなく、放射性物質を取り扱う工場から出た有機結合型トリチウムの濃縮である。

　論文のグラフを見るとそれぞれの生物で濃縮の程度がわかる。海底魚、ムール貝で10万倍以上、海藻で2000倍という結果である。何を基準に倍率とするかで数値は異なるが、それぞれの環境に応じて生態濃縮されている。

　トリチウム水が6万Bq/L（Bqはベクレル、リットルLはkgに等しい）の政府基準で海洋投棄されたときを考える。直接トリチウム水と有機結合型トリチウムの環境における平衡を考え、完全にトリチウム濃度がトリチウム水の系と平衡の時は、化合物の分子量に対する水素の比率は違うが、水と有機分子それぞれの水素がトリチウムに変わる割合は等しくなる。仮に水素の質量の割合が水と有機分子で同じとすると、有機化合物は6万Bq/Lのトリチウム水と同じ割合の有機結合型トリチウムを含む。

　たとえ水の1％が有機化合物でトリチウムに置き換えられたとしても600Bq/kgである。これが内臓のトリチウム濃度と仮定すると、有機結合型トリチウムは長期に体内の臓器に取り込まれるので危険である。

　仮に臓器に与える障害がセシウム137と同じとすると、バンダジェフスキーのデータでは200から500Bq/kgのセシウム137の蓄積で人間は多臓器不全で死亡している。ICRP のリスク評価ではベクレルを、線量係数を用いてシーベルト（Sv）にするので、1mSvより十分小さいとして安全になるが、誤りである。

　その上、生態系の連鎖を通じての有機化合物の濃縮がある。

例2　危険なトリチウムを含む福島原発の汚染水の海洋放出
　トリチウムの海洋投棄の危険性に関してはイギリスの Tim Deere-Jones ティム・ディアジョーンズ（Marine Radioactivity Research & Consultancy: Wales: UK）Tritiated water and the proposed discharges of tritiated water stored at the Fukushima accident site（2018年7月）が詳しい。原子力資料情報室のホームページに掲載されている。
　http://www.cnic.jp/wp/wp-content/uploads/2018/08/FUKUSHIMA-

tritiated-water-releases-final.pdf

とりわけ次の警告は重要である。

「トリチウム水HTOのみを考え危険性を軽視してきたが、生物学的半減期の長い有機結合型トリチウムOBTとしてトリチウムが生体の有機化合物に取り込まれ、長期の内部被曝をあたえる。光合成でHTOとCO_2から生成したでんぷんにトリチウムが取り込まれ、食物連鎖で濃縮される。

2000年以降の研究は、海洋食物連鎖のなかで、極めて高いレベルでの有機結合型トリチウムの生物濃縮が起きていることを示している（ムラサキイガイで26,000Bq/kg、タラで33,000Bq/kg、海ガモで61,000Bq/kg以上）。潮間帯堆積物や潮を浴びる牧草でも、周辺海水の濃度が極めて低いにもかかわらず、高レベルの有機結合型トリチウムが見られる」。

ディアジョーンズ氏の引用している中でとくに重要な文献の1つは、アンドリュー・ターナーらによるDistribution of tritium in estuarine waters: the role of organic matter（河口水域におけるトリチウムの分配——有機物質の役割）であろう。ターナー氏らは、トリチウム水が存在する環境中に、河口域に堆積した砂・泥があれば、①トリチウムが砂・泥に吸着され蓄積されること、②そこに有機物があれば、トリチウムが「有機物との親和性」によって結合し、有機トリチウムが生成されることを、実験によって確認した。

(3) 同位体効果について

われわれの見解では、トリチウムの生態系での濃縮について次の点が重要である。電子軌道のみを考えると通常の陽子（プロトン）1個の水素とトリチウム原子は化学的に区別ができないように見えるが、原子核の質量の違いが化学的結合力の違いを生じる。また、プロトン移動を伴うような反応ではプロトンとトリチウムの重さの違いによりトリチウム移動反応が遅くなる（C-H結合切断の場合、水素の場合のおよそ20分の1の反応速度になる）。同位体効果と呼ばれる（ケンプ『有機化学 中巻』東京化学同人、1983年、805 ～ 6ページ）。

このようにして原子核の重さの違いによって有機化合物とトリチウムの結合が強くなり、トリチウムがプロトンに置き換わり元素として濃縮される。有機結合型トリチウムが増加してゆく。

4 トリチウムの濃縮に関するコメントに対する山田のまとめ

　決議文をめぐる議論の中で、決議文中のトリチウム原子の「濃縮」について疑問が提出された。最終的には上記ディアジョーンズ論文と関連文献が参考になる。私の当初の理解では水素としてのトリチウムと通常の水素は一価の水素で化学的に区別できないと考えていたが、一面化、単純化があった。原子核の質量の違いは有機物における水素の結合など多様な結合力の違いを生じるようだ。有機物や無機物における結合力の違いがトリチウムと通常の水素の濃度差を生じさせる。吸着における結合力にも違いが生じるようだ。その結果、自然界において食物連鎖による濃縮が見られている。

　初期の議論で私はトリチウムと水素の化学的な違いがないのでトリチウムが自然界で濃縮されず、トリチウムと水素の濃度の比はトリチウム水と平衡までと考えていた。そして、トリチウム原子の濃縮は人工的にはできても自然界では難しいと思っていた。しかし、自然界では濃度差は容易に現れ、海水と河川水の塩分の違いでトリチウムの濃度の差が生じることが報告されている。トリチウムが取り込まれやすい結合位置や機構があると考えられている。有機物、塩分、泥、物理・化学吸着、日光による触媒作用、環境中のラジカル反応など自然の多様な作用が働くことが考えられる。安易に海洋投棄することはますます危険であることが分かる。

参考文献

1　広島１万人委員会の優れた解説「なぜ広島から伊方原発運転差止めを提訴するのか　報告2　大量のトリチウムの放出とその危険」
2　原子力市民委員会声明「トリチウム水は大型タンクに100年以上保管せよ」
3　原子力市民委員会「福島第一原発構内のトリチウム水海洋放出問題　論点整理」
4　「トリチウムの危険性——汚染水海洋放出、原発再稼働、再処理工場稼働への動きの中で改めて問われるその健康被害」遠藤順子、山田耕作、渡辺悦司、2015年9月29日
5　渡辺悦司、遠藤順子、山田耕作『放射線被曝の争点』緑風出版（2016年）第２章
6　ティム・ディアジョーンズ「海流に乗るトリチウム汚染水　東京近海の太平洋沿岸まで汚染の可能性」『Days Japan』2018年11月号（渡辺悦司訳）
7　アンドリュー・ターナーら「河口水域におけるトリチウムの分配——有機物質の役割」*Journal of Environmental Radioactivity Volume 100, Issue 10,* October 2009, Pages 890-895「どうしても取り返すために」ブログ所収

　まず、筆者の身近な経験から始めよう。身内の1人（当時74歳）が、ゴルフ好きで、ある日息子の1人と富士山麓のゴルフ場で、ゴルフをしてきた。その翌日は、いつものように、庭の手入れに励み、その間なんらの健康障害の気配もなかった。そして、その翌日お昼頃、少し胸苦しいから、医者に行くので、健康保険証を持ってきてくれと、奥さんに頼んだ。彼女が、2階から保険証を持って降りて来たら、彼は倒れていた。救急車で直ちに運ばれたが、間に合わなかった。急性心筋梗塞と診断された。東京都下の2012年暮れの出来事であった。非常に親しくしていたある大学の学長（その当時は退職していたが）さんが、これも2012年の暮れ近く、急性骨髄性白血病を発症、あっけなく亡くなられた。

　筆者は、1981年から4半世紀、アメリカのペンシルバニア州の大学に勤務した。81年の夏に、最初に化学科の教授達と昼食を共にした時、その2年前にペンシルバニア州であったスリーマイルアイランド原発事故のことを思い出し、その当時どんな状況だったかと話題にしてみたのだが、あの原発から西側で、150km離れていることもあり、当時話題になったし、ヨウ素剤が検討されたことなど少し話してくれたが、彼等自身ほとんど関心がなかったようだ。その後、あのスリーマイルアイランドの原発を見る機会はなんどもあったが、放射線への関心はなかった。

　1989年（チェルノブイリ事故の3年後）には、あの時のプルームが通過したスウェーデン北部の大学に客員教授として半年滞在した。この時は、チェルノブイリよりは、東欧諸国での共産社会が崩壊する直前で、東欧から来ていた学者らが、毎日その現状を、自国から聞き、話題にしていた。というわけで、放射線問題は話題には上らなかった。

ただし、大学では、化学の初年級の科目で、化学の一般論の一部に「放射線化学」があり、それは教えていた。その教科書には、「君たちの体内には、放射性のＫ－40があり、君たちがこの文章を読んでいる間に、体内で、3万5000回崩壊し放射線を出しているのだぞ」という記述があった。私は、そこで、半減期、Ｋの体内での存在率（重量%）、そして、K–40アイソトープのＫ全体での存在率（%）などを検討して、このベクレル値（読んでいる時間を10秒と仮定）を計算させるようなことをやってはいた。

　そして、大学退職後に、化学者としての締めくくりのつもりで、「Chemicals for Life and Living」(Springer Verlag (Heidelberg, Germany), 2011) なる本を出版した。ここでは、人間を含むあらゆる生物、いや地球上のあらゆる物質は「化学物質」であること、そして、化合物は、（放射線を出さない安定な）原子からできていることを強調した。こうしたことを、一般の人に知ってもらうためにこの本を書いたので、これで、私の化学者としてのプロ生活を切り上げたと思った。

　そこに、東日本の大震災とそれに起因する福島原発事故。これは大変なことになった、放出された放射性物質が、大変な影響を及ぼすかもしれない、勉強しなくてはと考えて、直ちに勉強し始めた．先ほどの2つの経験（大学での「放射線化学」を教えることと、地球上のあらゆる物質は化学物質であるという認識）から、直ちに、「生命と放射能は相容れない」と直感した。それは、化学反応はいわゆる電磁気力で行なわれているのに対して、放射性物質から出る放射線現象は、核力に基づいて行なわれている。この2種の力には格段の差（核力が電磁力の百万倍以上）がある。だから化学物質は放射線の力には抗しきれないと。実は、このことは、科学者ならばわかるはずなのだが、こうした認識をもっている科学者は多くはないようなのが、不思議である。このことを、当時こちら（バンクーバー）の大学で「広島原爆」関連の展示会をやっていて、我々（バンクーバー9条の会）も関係していたので、その関係で、「原爆と原発：放射能は生命と相容れない」という講演（英語）を2011年11月にする機会があった。それを日本語にした小冊子は鹿砦社から出してもらった（2012年）。

　さて、私はこんなにも放射線と同居しているような人生を送ってきたのだが、放射線なんて見たことも、音を聞いたことも、匂いをかいだこともない。

もちろん、皆さんもそうでしょう。それなのに、放射線の影響（生体、特に人間の健康への）はいろいろな所で観察されている。福島原発事故から8年、さまざまな健康障害が福島のみならず、関東一円などでも起こっていることは、他章で述べられている。チェルノブイリ事故の健康への影響の事実も沢山、観察、報告されている。

核産業、政府、それに依存する専門家などは、こうした事実を否定するのに懸命である。そして、専門家や権威者からそう言われれば、そうかもしれないと、思い込まざるをえないのが、放射線が見えない、感覚にかからない故による誤解の根本原因である。

スリーマイルアイランド原発事故での健康被害は皆無というのが、福島事故についての日本政府と同様、アメリカ政府の公式見解であった。しかし、あの事故から40年経った2019年4月7日の東京新聞には＜スリーマイル島原発事故から40年　終わらぬ悪夢：癒えぬ傷＞という記事が掲載された。付近住民の健康被害の様子が報告されている。政府見解のウソが暴露されている。

原爆が広島、長崎で炸裂した時には、大量の放射線が瞬時に放出された。爆心地近傍では100Gy以上の放射線量で、それが体外から入ってきて（外部被曝）、瞬時に人々の命を奪った（50〜100Gyで瞬時、7Gy以上の被ばくでは 数日から数カ月以内での死亡と考えられている）。爆発時は、市内におらず、数日後に市内に入った人でも、似たような仕方で亡くなった人もかなりいた。また、その時に、亡くならなかった人々の多くも、後に様々な健康障害（がんその他）を経験した。これは、炸裂時にできた死の灰（放射性降下物＝核分裂生成物）が体内に入り込んで、体の中から内臓などに放射線を浴びせる（内部被曝）という仕方で、体内のDNAその他の生命物質を壊すことが原因である。

原爆はウランかプルトニウムを使い、それが核分裂という反応を起こす時に発生する大量の熱と衝撃波で、人々を焼き殺したり、建物を破壊したりした。これらは目に見える影響で、明らかなのだが、上に述べた放射線の影響は目に見えない。例えば、広島の現場で多くの人の死を観察した肥田医師は、外傷もやけどもない人が、高体温で、体内が腐敗したような匂いを発していて、数時間後には亡くなった、そういう例が沢山あったと記している。

原発で使われるのは、ウラン（プルトニウムも使われるが）で、原爆の炸裂

時と同じ反応を使っているので、同じ核分裂生成物をつくり出す。これらは、大部分放射性である。事故時（に限らないが）には、こうして出来た放射性物質が大量に放出される。大量と言っても、物理的には大した量ではない。例えば、最も問題になっているセシウムは、福島事故から出た量は、おそらく50kgぐらい。それが、今では、ほとんど地球の北半球全域に分散している。もちろん、福島とその周辺、東日本一帯にはかなりあるが、それでも、目に見える量ではない。しかも、放出されたものは、非常に小さな微粒子となって飛び散っていて、目に見えるわけではない（黒い物質として観察される例がなきにしもあらずだが）。そうした微粒子が体内に入って内部被曝を起こすのが問題なのだ。

　ベラルーシのバンダジェフスキー医師は、多くのチェルノブイリ事故による犠牲者を研究し、内部被曝の究明に貢献した。彼の研究から、一つ例をあげると、心疾患で死んだ大人の心臓に、平均して200ベクレル/kgのセシウム-137があった。これだけのベクレル値を出しているセシウムの量は、6 × 10^{-11} グラム、すなわち、0.00000000006 グラムという微量である。放射線による内部被曝の恐ろしさはここにある。べらぼうに小さな量の放射性物質が出す放射線が、体を壊すのだ。どうしてか？　200ベクレルとは、1秒間に200本の放射線を出すことを意味する。1本の放射線は数千から数万個の生体分子を壊すから、まあ1万として、計算すると1秒間に200万個の生体分子が壊されることになる。これが、1分間では、1億2000個の分子が、1時間では、約700億個の分子、1昼夜で2兆個、1カ月で60兆個が壊される。壊される分子の中には、心臓の機能に不可欠なものもあり、それが壊されて心臓が機能しなくなる、そして死。というわけで、微量な放射性物質による内部被曝が、健康を害し、ガンを発症させたり、死に至らしめるのである。

　さて、原発事故から放出された放射性の微粒子は、どうやって人間の体内に入ってくるのか。様々な経路がある。まず第1が、先ほどから述べている浮遊微粒子を呼吸で吸い込むこと。放射性ヨウ素はI_2の形で、気体として出て来るので、これも呼吸を通して、肺に入り込む。気体として放出されるものには、いわゆる希ガス元素といわれるクリプトン、キセノンがある。これらは、気体なので、事故でも通常運転中のヴェント作業でも、最も多く出て来る放射性物質であるが、希ガスという元素は、他の原子や化合物と反応

しないので、生体に影響はないだろうと考えられて無視されてきた。しかし、これらは容易に人間にとりこまれるので、その内部被曝影響があるに違いない——それに関連していると思われる現象（脳への影響）が最近注目されだした。

　セシウム、ストロンチウムなどは、水に溶けるので、土に入って、根から植物に吸収され、それを人間が食べることによって、体内に入る。また、これらが入っている水を飲み水としてとることによっても体内に入る。こうしたルートでの体内侵入は、食べ物・飲み物の放射能汚染具合を充分に検査し、管理することによって、理論上は避けることが可能である。ただし、トリチウムという水素の同位体は、水として様々なルートで人間に取り込まれる。

　セシウム、ストロンチウムその他が微粒子に入って、浮流してもいる。それを吸い込んでしまうのを避けるのは困難である。見えないのだから、避けようがない。しかし、だれもが吸い込んでしまうわけではない。その様子を、私の書いた『放射能と人体』（講談社、2014）から引用しておく。「たまたま数個の微粒子が浮遊しているところに、２人の人が並んで歩いていたとしよう。そのうちの１人は、運悪く微粒子を吸い込んでしまい、放射能の影響を受けてしまうが、もう１人のほうは幸いに吸い込まなかったということが起こりうる。同じ空間線量の場所にいても、健康障害を不幸にも受けてしまう人と、そうでない人がいる」。このような場合、いや、いつの場合でも、こうしたこと（なにかを吸い込む）を意識している人はいない。だから、誰が、いつ、どこで、どのような健康障害を受けるか、予測不可能なのである。しかも、健康を害する要素は沢山あるので、今のこの体調悪化は放射線のせいだと断定できるわけではない。放射線被ばくを回避するために我々にできる唯一のことは、空間線量の高い場所を避けて暮らすことである。

　さて、世界を見渡すと、原発事故ばかりでなく様々な場所で、様々な事情で人々は放射線に晒されている。まず原料となるウランを鉱山から掘り出し、精製し、濃縮し、原爆や原発の燃料棒を作り、原爆のテストを行ない、原子炉を運転する。これらの作業からの廃棄物も不注意に貯蔵されたり、放り出されたりしている。これら全てに、放射線がつきまとう。こうした作業に携わる人や、放射性物質が飛び交う場所に住む人々も放射線に被ばくする可能性が高い。核分裂反応が発見され、原爆が作られ、その延長で原発が開発さ

れた。過去80年ほどの期間である（核分裂反応が発見されたのが、1938年）。

　さて、この80年間に、どれだけの人が放射線の被害を被ったのだろうか. 実は、核分裂が発見される以前から、天然にある放射性物質、特にラジウム、トリウムなどの α 線が、工業用、医療用に使われていて、かなりの健康障害は経験されていたのだが、一般にはよく知られていなかった。核分裂が実用化（軍事目的、平和目的に）され、それにより放射線が、地球上に広がって、その影響を受ける人が、増えてきた。この80年間で、おそらく少なくとも数千万の人々が、様々な健康障害で寿命を短くされたり、ガンその他の病気で一生苦しんだりしたし、現在もそうしている。この数値の根拠には、はっきりしたものはない。

　最初に述べたように、近親者の死亡のため、筆者は2012年11月中旬に福島事故後初めて日本を訪問した。その時が境かどうかはっきりしないが、軽い狭心症になり、以前は良くしていたハイキングなどには行かなくなった。その診療のために、テクネチウム99m（γ 線）の溶液を注入して、心臓とその周辺の血流を放射線で辿るという検査も受けた。2018年の夏には、心筋梗塞的発作で入院し、心臓動脈に血流を阻害する箇所が2つみつかり、ステントを挿入した。これらの過程が、放射線によるものかどうか、不明である。40年も前の若い時にも、心臓の異常で、かなり様々な診察を受けたが、解明されなかったという過去もあるので。

　さて、東京オリンピックに際しては、多くの方が、日本を訪れるであろう。まあ、言ってみれば、上に論じたような目に見えない放射性微粒子を吸いに来られるわけだが、どうか吸い込みませんように。本来ならば、日本でオリンピックを開催するべきではないのだが。

最後に放射線の不思議について

　放射線とは、電磁波や α 線、β 線（中性子線も）などの総称である。電磁波には、FM放送の電波、携帯電話、マイクロウエーブオーブンなどで使われているマイクロ波、赤外線、可視光線、紫外線、X線そして γ 線などがある。こうした放射線は、目に見えない、音がしない、臭わない、体に感じられないことは皆さんが良くご存知のはずだ。例外が一つだけある。それは読

んで字のごとく「可視」光線。どうしてか。

　電磁波は波だから、水の上に生じる波からわかるように、波の高い所から次の高いところまでの距離（波長）と、波の上げ下げの早さ（周波数）で規定される。電磁波が持つエネルギーはこの周波数に比例する。周波数が高いほどエネルギーが大きい。上に電磁波を並べて書いたが、最初の放送電波が一番エネルギーが低く、右に行くほど高くなる。電磁波中では γ 線が一番エネルギーが高い。α 線、β 線も γ 線のエネルギーと同じぐらいかそれよりも高い。

　さて、可視光線はどうか。放射線の中では、中ぐらいのエネルギーを持っている。この可視光線のエネルギーは、我々生き物が生きている根拠、すなわち、ブドウ糖を代謝して生体のエネルギーに変えたり、DNAを作ったりする化学反応のエネルギーと同程度なのである。ということは、可視光線が人間の目に入り、網膜細胞中の化合物に突き当たった時、生体化合物にちょっとした変化（電子のエネルギーレベルを高める〔励起〕）を与えるが、その変化（破壊には至らない）は、化合物が感知し、その化合物から関与する他の化合物へシグナルとして伝えられ、やがては、脳にまで達する。この間、すべてが化学反応で行なわれる。すなわち、可視光線は、化学反応と同じ程度のエネルギーを持つので、化学反応系（生物）が対応でき、したがって生物は感覚として受け取ることができる。

　可視光線よりエネルギーの高い X線、γ 線その他は、エネルギーが大きすぎ（100万倍ぐらい）て、化学反応系（生物）では対応できない。実際、X線以上の高エネルギーの放射線は、生物中の分子から電子を蹴り出し、分子を破壊してしまう（イオン化放射線という）。このことが 放射線の脅威の根本原因である。

第13章

福島原発事故に猛威を振るう 「知られざる核戦争」

「放射線による健康被害は一切無い（安倍首相）」の背後に死亡率大量増加

矢ヶ﨑克馬

1　概説——「放射線による健康被害は一切無い」（安倍首相）の ファシズム——

　核戦争は巨大な破壊力の核兵器を投下するあるいはそれで威嚇することと理解されている。それに対し、「知られざる核戦争」は、ヒロシマ・ナガサキ原爆投下以来、アメリカを中心とした核戦略と原発を推進するためにとられた「放射線被害を市民に認識させない情報操作」の核戦争を指している。この核戦争は著者による造語であるが、一般市民に未だ「知られざる」状態にあるために「知られざる核戦争」と称す。

　ヒロシマ・ナガサキ原爆による放射性降下物放出を隠しその被害を隠し続ける。その後500回以上を記録した大気圏内核実験、採鉱や核兵器核燃料製造、原発運転と再処理工場操業、核・原発事故、劣化ウラン弾使用などによって、莫大な量の放射能が放出されて環境中に蓄積した事実を隠し、全世界でその被曝による人的被害が想像を絶する規模（ECRR推計で6000万人以上）で続いていることを隠している。これが「知られざる核戦争」の実態である。

　福島原発事故後は史上最悪の「知られざる核戦争」が展開されている。日本に典型的なファシズムが「知られざる核戦争」を一層激しいものとしているのである。

　政府発表でさえ広島原爆の168発分（実際はその10倍程度）の放射性物質が放出したにもかかわらず、「放射線による健康被害は一切無い」の言明（東京オリンピック決定時の安倍首相記者会見）が先行した。

　この安倍言明は原爆投下直後の「知られざる核戦争」に匹敵する。1945年

9月6日、マンハッタン管区調査団の指揮官トーマス・ファーレル准将が東京で記者会見して言明した「広島・長崎では、死ぬべき者は死んでしまい、9月上旬現在において,原爆放射能で苦しんでいる者は皆無だ」「残留放射能の危険を取り除くために、相当の高度で爆発させたため、広島には原爆放射能が存在し得ず、もし、いま現に亡くなっている者があるとすれば,それは残留放射能によるものではなく、原爆投下時に受けた被害のため以外あり得ない」の虚偽宣言に匹敵するものである。東電事故後の放射線被曝対策は、戦後アメリカがファーレル言明に沿って原爆被害を処理した歴史に瓜二つである。

　政府はその虚構をシナリオの芯に据え、全官庁あげて「風評払拭リスクコミュニケーション強化」を大宣伝している。放射線被曝の現実を「心の持ちよう」にすり替えるのだ。首相の「健康被害は一切無い」という虚言が事実を乗り越えて「現実を見る目」となる。虚偽の基に被曝強要策が進む。指定区域外避難者に対する住宅支援を停止することによって、指定区域外避難者を避難者統計から外し、避難者が減少したことにする。避難指示区域を解除することで、汚染が無くなったことにする。あろうことかできるだけ多数の市民を被曝させることで高汚染地域の被害を見え難くして、「福島の放射線被害は無い」を合理化するという屋上屋を重ねる虚偽の世界が日本の現実である。

　福島原発事故後ほどなく、主として文科省から各大学長と各学会長宛てに「放射能に関するデータは政府が発表するデータである。個別の研究者が調査したり研究したりすることの無いように」という趣旨の通達がなされた。もちろん政府が責任もって諸測定を行ったのではない。「データが無いことは被曝が無いこと」とされた。

　チェルノブイリ事故後にIAEAウィーン会議（1996）で今後生じ得る原発事故に際して、①避難させるな、②情報を統一せよ、③専門家を自由に動かせるな、との指針をまとめたが、その方針を受けてのことであった。IAEA（国際原子力機関）、UNSCEAR（原子放射線の影響に関する国連科学委員会）、ICRP（国際放射線防護委員会）等を国際原子力ロビーと規定する。IAEAは「住民が汚染された土地に永住する」ことを前提に、心理学的指針も含めて従来の被曝防護を見直す方針を明確にした。原発事故版の「知られざる核戦争」

の基本路線だ。ICRPが住民に大量被曝を与える「防護」体制を指針として打ち出し、IAEAは福島に事務所を出張させ実地指導を行う。この方針に輪をかけて日本政府は虚偽に満ちた情報処理を行う。

　事故後たった9年目、原子力緊急事態宣言が出されたままで、放射線被曝制限値が20ミリシーベルト／年（日本の法律値は1ミリシーベルト／年）のままで、オリンピックが開催されようとしている。

　指定難病患者の異常増、各地の病院患者の異常増加などが伝えられている。爆発的に大量発生している小児甲状腺がんを原発関連と認めない。それを突破口に、一切の健康被害は認めず、一切の予防医学的な措置は封じられる。原発事故以降に発生した大量死亡率増加は報道さえされていない。

　東日本（東北、関東）の食材汚染は今なお非常に深刻な汚染を示し、メルトダウンした炉心からは空に海に放射性物質が放出され続けている。日本は危険な放射能環境に満ちている。

　周産期死亡率が福島事故9〜10カ月後（2012年）から、放射能高汚染県（12%増）、中汚染県（8.4%増）で増加が始まって現在も継続している。死亡率は土壌汚染に相関していた（ドイツの放射線防護専門誌「放射線テレックス2017年2月（Strahlentelex)」No. 722-723、2017年2月）。

　他方、乳児の先天的奇形では、複雑心奇形は2011年から、停留精巣の奇形は2012年から増加が確認され、日本全土すなわち土壌汚染の低い地域にも分布し、先天的奇形の原因は土壌汚染の多寡に拠らない食物流通を通じた内部被曝によることが強い蓋然性として推察される。すなわち妊婦の内部被曝の結果であることが推察される。（村瀬香ら「*Journal of the American Heart Association*」2019年3月13日掲載、同「Urology」2018年5月8日「Nationwide increase in cryptorchidism after the Fukushima nuclear accident.」)

　厚労省人口動態調査から全国、福島県、南相馬市の死亡率を検討すると深刻な死亡率の異常増加の事実が認められる。2011年以降死亡率は全国的に異常に増加する。事故後2011年から2017年の間、予想直線を上回る異常増加死亡数は福島県で1万1000人、日本全土で28万人ほどになる。

　なお、2011年の地震津波の関連死は1万9416人と発表されているが、全国での2011年における死亡者の異常増加分は6万1000人に上り、地震・津波の犠牲者以外に大量の犠牲者が出ている。死因別の死亡率も2011年を境に急増

図1 全国、福島県、南相馬市の死亡率

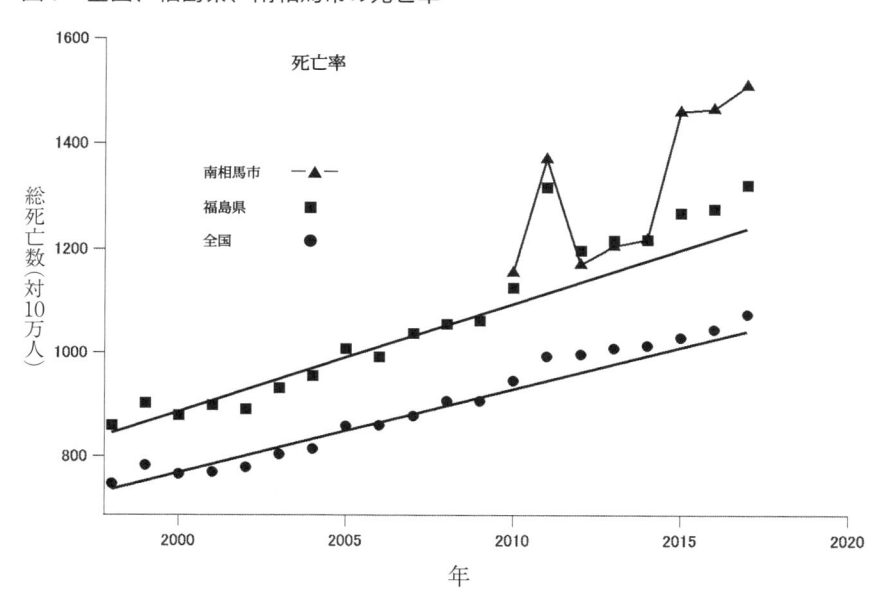

出典：厚労省人口動態調査などより筆者作成。2011 年～ 2017 年の異常死亡者増は福島県で 1 万 1000 人程。全国で 28 万人程になる．直線はそれぞれ 1998 ～ 2010 年の平均直線。

する。日本全国でお年寄りの老衰死が激増し、アルツハイマー、認知症などの脳神経に関わる死亡率が急増した。異常な死亡率増加は2017年以降さらに上昇する気配を示す。

　危険な放射能環境で開催されることを知らずに日本にやってくる世界の人々は放射線被曝（外部被曝および呼吸・飲食で蒙る内部被曝）に晒される。日本政府と国際原子力ロビーの強行する「知られざる核戦争」の犠牲者を増やしてはならない。世界の市民は日本で進む「知られざる核戦争」、ファシズムの危険を洞察すべきである。

　危険極まりない「復興」「オリンピック」が最大の事故後対策として政治の中心に据えられ、オリンピック競技などが汚染地域で設定される。これが姿を変えた「日本型ファシズム」である。

　このような多数の異常死亡者増が存在すること、東日本における放射能食品汚染が今なお深刻であること、今なお、メルトダウンした炉心から、空に

海に放射能汚染が拡散され続けている事実を正常に受け止めれば、「原子力緊急事態」を解くことができない「放射能環境」下で行われるオリンピック日本開催に伴う危険性を世界に警告せざるを得ない。「日本で生じている健康被害の実態を世界の方々にお知らせしなければならない」と道義的に強く思うのである。

2 日本の放射能汚染の危険な現状

図1は1998年から2017年まで（20年間）の全国、福島県、南相馬市の総死亡率の年次変化である（南相馬市は2010年以降）。死亡率分析の基礎となるデータは、日本人口は総務省統計局、死亡率は厚労省人口動態調査、総務省統計局、政府統計の総合窓口、福島県人口、南相馬市人口死亡数は福島県ＨＰに拠った。参考にすべき統計は、小柴信子氏提供および矢ヶ﨑克馬「南相馬市の死亡率増加は『帰還』の危険性を物語るのか？」である。このグラフは福島原発事故以後の極めて深刻な異常な死亡率増加を示している。

(1) 福島県と全国の死亡率

図1の直線は1998年から2010年までの死亡率年次変化を直線近似したもので、上の直線は福島県、下の直線は全国の死亡率年次変化の近似直線である。近似直線は最小二乗法で求めた。図で分かるように福島県、全国の場合ともに、2010年以前の死亡率は直線により概略近似できる。

少子高齢化等の傾向が2010年以前の直線変化に現れていると仮定すると、福島県および全国の2011年以降の死亡率は少子高齢化等の傾向を大幅に上回り異常に増加している。異常値の予想からのずれを異常増加死者数とすると、異常増加数を表1に示す。

表1の「実際値」は厚労省人口動態調査の値、「推定値」は1998年〜2010年の直線近似式を2011年以降に外装してそれぞれの年の原発事故等の外因が無いとした場合の予想値である。「異常増加量」は実際量と推定値の差。「95％信頼区間」は標準偏差を σ として $\pm 2\sigma$ の値を用いた。いずれも2011年以降の「異常増加」は有意である。

2011年〜2017年の7年間の異常増加死亡者数は福島県で1万1207人（95％

表1　福島県及び全国の2011年以降の異常増加死亡数

	福島					全国				
年	実際値	推定値	異常増加量	95%信頼区間		実際値	推定値	異常増加量	95%信頼区間	
2011	26211	22195	4016	3696〜	4335	1269519	1207442	62077	55021〜	69134
2012	23503	22302	12002	821〜	1580	1272730	1225633	47097	37094〜	57100
2013	23721	22549	2272	731〜	1613	1285725	1244363	41362	28417〜	54307
2014	23592	22813	779	278〜	1281	1291328	1263064	28264	12385〜	44143
2015	24315	22952	1364	805〜	1923	1308687	1282042	26645	7835〜	45455
2016	24357	23252	1104	485〜	1723	1327709	1300779	26930	5199〜	48661
2017	24910	23339	1571	899〜	2244	1362470	1318798	43672	19040〜	68303
合計			11207	7714〜	14700			276048	164991〜	387104

信頼区間7714人〜1万4700人）、全国で27万6048人（95%信頼区間は16万4991人〜38万7104人）である。

　この異常死亡増加数は強い蓋然性を持って主として「放射能に依存する死亡」と推定される。2012年以降年々の通常死亡率（2010年以前の直線外挿値）からの異常増加はほぼ5%程度である。

　さらに2011年の突出的死亡増を検討すると、福島県では地震津波関連死1607人、行方不明207人とされている（警視庁資料）ところ、上記異常増加死者数は4016人と計算され、地震津波関連死のおよそ2.5倍の死亡者異常増が浮かび上がる。

　南相馬市立総合病院副院長（元）の及川友好医師が2013年5月8日、衆議院の東日本大震災復興特別委員会に参考人として出席し、原発事故後の患者の健康管理などについての現状報告の中で明らかにしたことは「まだ暫定的ではあるが、恐ろしいデータが出てきています」「われわれの地域での脳卒中発症率が65歳以上で約1.4倍、35歳から64歳までの壮年期では3.4倍に上がっている」と公表した（衆議院インターネット審議中継）。これは氷山の一角とみられるがこのように急増した疾患の死者が上記異常増加死者数の内容となると推察される。放射能の直接害に加えて避難など災害下のストレスが相乗作用する。

　同様に2011年から2017年までの全国の異常増加死亡者数（一番下のプロット）は、上記同様に算出するとおよそ28万人に上り、巨大な異常死者数になる。周産期死亡率や乳児の先天的奇形の発生と全国分布は放射能の関連性を

強く示唆するものであるが、同様にこれらの異常増加死亡数も放射能関連死と強く推察される。

(2) 南相馬市死亡率は早すぎる「帰還」・「復興」の危険を物語る

南相馬市の実人口は2011年には7万人から1万人以下にまで減少し（90％ほどの市民がいったん避難し）、2015年には6万4000人まで回復している（南相馬市立総合病院HP.院長あいさつ）。南相馬市は「帰還困難区域」を地域内に抱え多くの市民が避難しその後帰還した自治体である。図1の南相馬市の死亡率はあくまで住民票登録数に基づくものであり、市外に避難している人を含む数値なのである。

図1中の最も上のプロットで示す南相馬市の死亡率は2014年までは福島県の死亡率とほぼ同じであるが、2015年で急増している。放射能の健康被害は直ぐ現れるものと、ある程度期間が経ってから現れるものがあることはよく知られているところだが、グラフに現れているこの死亡率急増は実人口の変化を考慮すると、いったん避難した人の半数以上の市民が南相馬市に帰還した後で死亡率が急上昇していることを示す。

2011年から2014年までほぼ福島県のそれと同じ期間は、市のほとんどの人が避難しており、南相馬市より放射能汚染の低い土地（福島県内のより汚染が低い場所、あるいは他都道府県）で暮らしている条件が反映した低い死亡率として理解できる。細かく見ると、2012年と2013年はむしろ福島県より若干低い値を示しており、2014年は福島県と同率となる。その後、<u>2015年〜2017年の死亡率の急増加</u>が記録された。

これは今、国や福島県の進めている「帰還」「復興」の危険性とその犯罪性を表す重大証拠となるのである。南相馬の場合だけでなく、他の市町村でも帰還した方にも同じような危険が迫っているのではないか？ 命を削って「復興」と「帰還」を迫るのは日本政治のファシズム性を良く表しているのではないか？

3　福島被曝——知られざる核戦争の犠牲

強調すべきは「日本独特の強制被曝状況」で住民が苦しんでいることだ。

(1)　チェルノブイリより深刻な被曝状況

　チェルノブイリでは年間1ミリシーベルト以上では当該政府が「ここは危険です。移住を希望する人が有れば政府が面倒を見ます」、5ミリシーベルト以上では「ここには住んではいけません。生産もしてはなりません」と、文字通りの放射線防護の基本線に沿った住民保護を行った。33年経った今でも子供の保養などを筆頭に市民生活が被曝から保護されている。

　これに反し日本では、チェルノブイリで「チェルノブイリ法」が施行された事故後5年で、「避難指示区域」などの縮小削減が始まり「指示区域外避難者」への住宅供与が停止された。法律で規定されている保護基準の年間1ミリシーベルトは「原子力緊急事態宣言」で無視されて捨て去られ、それより20倍も高い20ミリシーベルト基準で規制が行われている。「復興」、「オリンピック」はこの状態つまり「原子力緊急事態宣言」を発したままの状態で猪突する。

　チェルノブイリを上回る日本独自の被曝の拡大再生産のしかけは、次の通りである。

①その1つは、チェルノブイリでは年間5ミリシーベルト以上の汚染地では居住も生産も禁止されたが、日本ではその汚染地域で20ミリシーベルトまでの地域に大量（100万人に達する）の住民が住み、食料を生産し、「売らなければ食っていけない」状況に追い込まれたことである。そのために、チェルノブイリになかった「汚染地での生産」による被曝の拡大再生産が展開した。食料放射能汚染による内部被曝の全国拡散が日本独特の悲惨な被曝状況を作った。政府は世界の科学的確認事項に反する虚偽──「放射能に健康被害は無い」──を大宣伝し、全住民の被曝強制である「食べて応援」を大キャンペーンし、民間もそれに呼応し「食べて応援」の被曝るつぼが展開した。この際、いわゆる「専門家」や大手マスコミなどの、アベ虚偽政治を拡大する「協力」がなされた。重大な「未必の殺人」への共犯である。

②第2の特徴は、住み続ける条件として行った居住地周辺「除染」の結果、集積された大量の「除染廃棄土」が生じてしまったことである。「除染廃棄土」を政府は公共事業等への再利用で全国に拡散して減少させよう

としている。政府はオリンピックのために汚染土入りフレコンバック集積の異常光景を外国客に見せないために強行の度を上げている。放射能汚染処理の原則に違反し汚染土を全国に拡散させようというわけだ。2次被曝を全国に拡散する。

③第3の日本の特徴といえるのは、チェルノブイリでは事故後7カ月で石棺により基本的には放射能物質の環境への拡散は極力抑えられたが、日本では大量の地下水により汚染水が海に放出し続け、空中への放射能放出も深刻に続いていることである。メルトダウン炉の封じ込めに成功しておらず、生活環境と自然環境を汚染し続けている。

④国際原子力ロビーは次の原発事故が生じた場合「住民はリスクを受ける用意があり、汚染地で永住することを望んでいる」（1996年IAEA会議）として「避難や移住を避ける」方針を打ち出したが、その具体策がICRPによっても明確に打ち出された直後に東電事故が生じた。「知られざる核戦争」の実態は、住民を高汚染地域にとどめ置き、健康被害の事実を認めず、したがって住民への健康保護施策を全く欠き、逆に被曝を強制する。これは農民などの「先祖伝来の土地を守りたい」願望に付け込んで適用された。IAEA方針で明記された「心理学的」処方の適用である「放射能は健康被害を産まない」キャンペーンは未必の殺人行為である。

(2) 政府の異常な放射線被曝対策——首相の「虚言」が全ての政治・行政の出発点——

安倍首相は東京オリンピック招致に際し記者会見において、汚染水問題等原発事故の収束状態を聞かれ、「まず、健康に対する問題は、今までも、現在も、これからも全くないということははっきりと申し上げておきたいと思います」と宣言した（2013年9月7日）。

首相の虚偽に基づく言明の後の施策は、全官庁あげて「風評払拭リスクコミュニケーション強化」運動として現れている。健康被害防止に万全を尽くすのではなく、「健康被害が無いように見せる・思わせる」ことに最大重点を置いて住民の放射線警戒心を解除して強制被曝させているのが実態である。「放射能被害の懸念が全く無い」ことを大キャンペーンして、「知ってもらう、

食べてもらう、来てもらう」のスローガンで官民の大運動を展開する。

　政府筋発行の『放射能のホント』(復興庁)、『放射能副読本』(文科省：小・中・高校生対象)には原発事故後の健康被害は全くないという事実無根が述べられ、「放射能に危険はない」ことが強調されている。既に小児甲状腺がんの大量発生があり、「原発事故に関係するとは証明されていない」という体制側からの論が、本来あるべき「予防医学的」な放射線防護政策を妨げている。

　(虚言の内容)

① 「放射線による健康被害は一切無い」

　　ICRPでさえ、確率的影響のリスクは低線量まであるとして「直線的閾値無しモデル」が国際的に認められている」としている。にもかかわらず、日本独特の理論で「健康被害は一切無い」と虚構を大宣伝する。

② 「100ミリシーベルト以下は安全」

　　これも日本独自の虚構理論である。ICRPは「約100ミリグレイ（低LET放射線または高LET放射線）までの吸収線量域ではどの組織も臨床的には意味のある機能障害を示すとは判断されない」などとしているが、日本では「機能障害を示すとは判断されない」を「機能障害は無い」と言い換え、しかも確率的影響にまで拡大して適用している。日本の虚構理論の根拠としている山下グループの実験はICRPが吸収線量を照射線量で置き換えるという彼らの定義を無視して物理量を扱っていることに根拠を持つ間違いである。彼らの結論「100mGyまでは安全（DNAの損傷は残らない）」は、「吸収線量」と照射線量の区別を明確にし、ICRPの行っている吸収線量定義（ICRP自体が定義を無視しているのだが）に従えば、「2mGyに満たない吸収線量でDNA損傷が残存する」と結論すべきものである。

　　「100mSv 以下は安全」など全く科学的根拠は無く、良くぞここまで嘘が吐けたな！という代物である。

⑶　**コントロールされたマスコミ**

　現在の日本のマスコミからは「放射能」の用語はほとんど使用されなくなっている。8周年の報道も大手マスコミは「放射能」の用語を抹殺し、その被害の可能性は毫も語っていない。代って「風評被害」だ、「復興」だ、「帰

還」だという言葉で満ちあふれ、あまりにも早すぎる「復興オリンピック」の無謀さに警告することなど、報道機関の客観性人道性の発揮は期待しようが無い。日本型ファシズムの一端である。

4　知られざる核戦争＜国際原子力ロビーの役割＞

国際原子力ロビー、IAEA、UNSCEAR、ICRPのうち前2者は全て核推進の立場にある国の政府により推薦される者を委員とし、最後のICRPは原子力推進を立場とする各国の政府資金と原子力産業の資金により運営される民間団体である。共通して特徴とすべきは、これら委員会はいずれも放射線被曝被害を客観的に論じたり住民の被曝からの保護を名目とする活動をしているが、全ての委員は利益相反の関係にあることである。ベイヴァーストックは「密猟者と猟場管理人と同一人物である」と表現する（「福島原発事故に関する『UNSCEAR2013年報告書』に対する批判的検証」『科学』1175［2014］）。

例えばICRPは「放射線防護」をタイトルとしているが、常に核推進の立場と時代時代の反核運動・放射線防護の国際的見識の間を揺れ動き、科学的・人道的基準ではなく、「社会的・経済的基準」に堕さざるを得なかった。ここに「社会的・経済的」とは国際原子力ロビーの特殊用語であり、「核推進の政府の都合の良いように」「政府と核産業に過大な負担を掛けないように」という内容の粉飾表現である。

IAEAは1996年の「チェルノブイリ10年——事故結果をまとめる」（One Decade after Chernobyl: Summing up the Consequences of the Accident, Proceedings of an International Conference Vienna, 8-12 April 1996）において、チェルノブイリの次のアクシデントが生じた場合の新方針を打ち出した。「住民は毎日の放射線リスクを受け入れる用意がある」、「介入という範疇で規制される古典的放射線防護は複雑な社会的問題を解決するためには不十分である。住民が汚染された地域に永住することを前提に心理学的な状況にも責任を持つために、新しい枠組みを作り上げねばならない」として、チェルノブイリの次の事故が生じた場合の新方針が打ち出された。その内容は、住民保護の観点から施行されたチェルノブイリ法に基づく「避難・移住」を否定し、情報統制と専門家・医師らの統制が必要なことだった。

それを受けてICRPは2007年勧告において、新線量区分体系を具体化し、緊急時において年間20ミリシーベルトから100ミリシリーベルトに及ぶ大量被曝を住民に及ぼし得る具体策を提案した。

　それは「住民を保護する立場」ではなく国際原子力ロビーの都合から見た棄民政策の適用である。「事故はつきものだから住民は被曝を受け入れよ」という原発産業の開き直りである。

　その直後に東電福島事故が生じた。悲しいかな、IAEA、ICRPに具体化された国際原子力ロビーの通りの方針が日本の事故に適用された。

　それに日本政府独特の住民「愚民視」と虚偽による「住民の洗脳」が加わる過酷な政治である「知られざる核戦争：日本ファシズム版」が展開した。

　ICRPは時には国際的な核兵器廃絶運動に押されて防護基準を厳しくするようなこともあったが、委員会が核戦略「知られざる核戦争」遂行上の任務を明確に帯びていたことを歴史は示している。すでに1977年のICRP勧告は「防護の3原則」――①行為の正当化、②防護の最適化、③個人の線量限度設定――を導入し、功利主義を剝き出しにしていた。防護の第1原則ではリスクより「公益」（核・原発関連企業や軍閥の利益）が多ければ、リスクすなわち被曝者に死をもたらす営業活動が「正当化」できると主張する。第2・第3原則は防護も国と産業の経済的負担を考慮して「ほどほどに」という住民の被曝防護も安くつく枠内に留めよという主張である。

　福島事故直後「原子力緊急事態宣言」が発せられ、法律では公衆（一般市民）は年間1ミリシーベルト以下で守られなければならないことになっているところ、あろうことか、年間20ミリシーベルトまで被曝を強要されることとなった。

　これと同様な事態が、放射性廃棄物の制限にも出現した。法律では100Bq/kgであったものが8000Bq/kgまでとされたのである。

　また「原子力災害対策指針」は避難住民に対してスクリーニングの基準をOIL4（Operational Intervention Level4）で事故直後は4万cpm（120Bq/cm²）、1カ月後は1万3000cpm（40Bq/cm²）と指定されているところ、福島県は事故直後から10万cpmを基準とした。

　このように国際原子力ロビーが、次の原発事故に際しては、チェルノブイリで住民保護法である「チェルノブイリ法」を施行させた同じ轍を踏ませな

いように、準備万端整えたところに、東電福島事故が生じたのである。

　世界の市民の皆さんに訴えたい。日本で生じた東電事故による放射能環境の現状を認識してほしい。認識したうえでご自分の行動を決めていただきたい。日本政府筋の数々の虚言は科学力が無くて発しているのではなく、明確な目的意識を有することを見抜いてほしい。ご自分の命を守る上でぜひ聡明になってほしい！

　国際原子力ロビーに後押しされた日本政府の科学に反し民主主義に反し人道に反する姿勢を非常に恥ずかしく思う。日本政府と国際原子力ロビーの人命を軽んじ環境汚染防止に責任を持たない不誠実な姿勢は、いずれ日本市民・世界市民の力で科学と人道に基づいたものに変革しなければならないと思う。彼らの行う「知られざる核戦争」の犯罪はいずれ白日の下に晒されるであろう。

東京五輪での
被曝が危険なこれだけの根拠

第 1 章

福島事故の放射能放出量
ネバダ核実験場の近傍でオリンピックを開催するに等しい

渡辺悦司

　福島原発事故による現在の被曝状況を客観的に評価する際のベースとなるのは、福島原発事故による放射能放出量の推計である。放出量の推計は、過小評価されたことが明らかな日本政府の発表でもセシウム137ベースで広島原爆168.5発分である[1]。

　これに基づいたとしても、東京オリンピックは、ネバダ核実験場で大気中・地上核実験が行われていた時期のおよそ9年後に同実験場の近傍あるいは周辺で行われるのと同じであることを意味する。このようなイベントは、参加する世界のトップアスリートと観客・観光客に、重大な被曝リスクを与えるものと判断せざるを得ない。

　また、放出量のうち日本の陸土に沈着したのは、そのおよそ27%とされており（UNSCEAR2017報告日本語版5ページ。UNSCEARは原子放射線の影響に関する国連科学委員会の略）、広島原爆約45発分となる。

　つまり、このように莫大な量の放射能が住民に何の健康影響も及ぼさ「ない」とは、最初から決して言えない。政府の「健康影響は過去・現在・未来にわたって一切ない」という言説は、福島事故の放射能放出量だけから言っても、あらゆる放射線科学・医学の知見に真っ向から反する全くの嘘であり、虚偽主張であり、デマであると強く断罪せざるを得ない。

　それは、特定の外国政府が日本近海で広島原爆168.5発分の大気圏核実験を行い、日本に直接の物理的被害はなかったが、45発分の放射性降下物が日本の陸土に沈着したと仮定して、それに対し日本政府が「健康影響は過去・現在・未来にわたって一切ない」と弁明してやる行為に等しい。北朝鮮や中

1　原子力安全・保安院の2011年8月26日発表「東京電力株式会社福島第一原子力発電所及び広島に投下された原子爆弾から放出された放射性物質に関する試算値について」

国など近隣諸国での核戦争の結果として日本の陸土が汚染されたとしても同じことである。

1　福島原発事故による放射能放出量の推計

　包括的核実験禁止条約機構の世界的な放射性物質観測網のデータに基づくノルウェー気象研究所のストール氏らによる推計をベースにわれわれが計算した福島原発事故による放射能放出量の大まかな推計、およびそのチェルノブイリ事故、広島原爆、ネバダ核実験場との比較は以下の通りである（表1）。

　日本政府の推計には、地震・津波によって損傷を受けた事故当時の日本における観測網の状態を反映して、陸側に流れたプルームによるデータしか捕捉されていない可能性が高い。つまり、海側に流れた放射能量を含んでいない可能性が高いのである。したがって、政府推計のセシウム（Cs）137ベースの放出量のほとんどは2号機（大きな爆発をしなかったがベントが陸側に流れた）による放出となっている（15ペタベクレル［PBq］中の14PBq、ベクレルは放射能量の単位で1秒間に生じる原子核の壊変数）。ここから、1号機および3号機も2号機と同程度の放射能を放出したと仮定して3倍すると（14×3=42PBq）、ストールの推計（中央値で37PBq、最大値で53PBq）と概ね一致する。

　実際には4号機も爆発し、放射性物質を放出したと考えられるので、この計算は最低レベルの補正であろう。

　広島原爆の放出放射能量と比較すると、大気中放出量はセシウム137ベースでおよそ600発分であり、上に述べたように最近の研究（日本学術会議2014、UNSCEAR2017報告）では、そのうちのおよそ27％が日本の陸土に降下したと推計されているので、160発分程度が日本の陸土に沈着した計算になる。

2　東電によるヨウ素131／セシウム137比率推計：50倍

　東京電力は事故原発での実測に基づいて、ヨウ素（I）131とセシウム137の放出量の比を50倍と推計している（東京電力「福島第一原子力発電所事故における放射性物質の大気中への放出量の推定について」2012年5月）。日本政府の推計10倍の5倍のレベルである。この点は注目に値する。

A.	福島における炉心残存量（ストール氏らによる数字）	93.8E＋16ベクレル	100%
B.	①大気中への放出量・率（ストールらによる最大値）	5.31E＋16ベクレル	5.7%
	②汚染水中への放出量・率（海老澤氏らによる数字）	27.6E＋16ベクレル	29.4%
	③海水中への直接放出量・率（レスターらによる最大値）	4.1E＋16ベクレル	4.4%
	④合計の放出量と放出率（以上①〜③の数値の合計）	37.0E＋16ベクレル	39.5%
	⑤うち大気中+直接海水中（上記①+③）	9.41E＋16ベクレル	10.0%
C1.	比較対象1：チェルノブイリ放出量推計とそれに対する福島の放出量B①の比 国連科学委員会推計（最大値）	8.5E＋16ベクレルの	0.62倍
C2.	比較対象1：チェルノブイリ放出量推計とそれに対する福島の放出量B④の比 国連科学委員会推計（最大値）	8.5E＋16ベクレルの	4.3倍
C3.	比較対象1：チェルノブイリ放出量推計とそれに対する福島の放出量B⑤の比 国連科学委員会推計（最大値）	8.5E＋16ベクレルの	1.1倍
D.	比較対象2：広島原爆による放出量	8.9E＋13ベクレルとの比	
	福島の事故時炉心内量Aとの比（DA）	広島原爆	10,539発分
	福島の大気中放出量B①との比（D①）	広島原爆	597発分
	福島の汚染水中放出量B②との比（D②）	広島原爆	3,101発分
	福島の直接海水中放出量B③との比（D③）	広島原爆	461発分
	福島の放出量総量B④との比（D④）	広島原爆	4,157発分
	福島の大気中・直接海水中放出量B①+③との比（D⑤）	広島原爆	1,057発分
E.	比較対象3：米国ネバダ核実験場での地上核実験の総出力2,471キロトンとの比		
	福島の大気中への放出量D①のキロトン換算	597発×16=9,552キロトン	3.87倍
	福島の放出量総量D④のキロトン換算	4,157発×16=42,080キロトン	26.9倍

注記：全て大まかな概数であることに注意のこと。多くの場合比較の対象とされる UNSCEAR のチェルノブイリ事故の放出量は「最大値」であり、それにあわせて、上記の福島事故放出量（A 以外）もすべて最大値を採用している。四捨五入の関係で合計が一致しない場合がある。E+n は 10 の n 乗を表す。

出典：山田耕作・渡辺悦司「福島事故による放射能放出量はチェルノブイリの 2 倍以上――福島事故による放射性物質の放出量に関する最近の研究動向が示すもの」市民と科学者の内部被曝問題研究会ホームページ所収

日本政府は、福島事故の規模をチェルノブイリの7分の1であると強調している。だが、東電が福島原発の敷地内で実測したヨウ素131とセシウム137の比率50倍を採り、ストールの推計のセシウム137放出量から計算すると、IAEA（国際原子力機関）やOECD（経済協力開発機構）などにより国際的に統一された事故規模を測る尺度であるINES（国際原子力事象評価尺度、日本も1992年から採用）で、福島原発事故はチェルノブイリ事故とほとんど同じ規模となる（下表）。

　またヨウ素放出量はチェルノブイリよりもおよそ1.5倍も大きく、子供の甲状腺がんの発症がチェルノブイリよりも促されている現状から見ても、ほぼこれが現実に近いと考えられる。

表2　東電I131/Cs137比率より計算したヨウ素131放出量とINES評価のチェルノブイリ事故と福島事故との比較

	I131/Cs137比率	Cs137大気中	I131放出量	INES値
福島（東電・ストール）	50	〜53.1PBq	〜2655PBq	〜4779
福島（東電・政府補正）	50	42PBq（中央値）	2100PBq（同）	3780（同）
チェルノブイリ	21	〜85PBq	〜1760PBq	〜5160
福島（最大値）／チェル比率	238%	62.5%	151%	92.6%

注記：チェルノブイリはUNSCEAR（国連科学委員会）の発表した数字で最大値である。ストールらの推計も最大値を取った。「政府補正」は中央値である。簡易版INES値＝I131放出量＋Cs137放出量×40

出典：山田耕作・渡辺悦司「福島原発事故によるヨウ素131放出量の推計について——チェルノブイリの1.5倍に上る可能性」市民と科学者の内部被曝問題研究会ホームページ所収

　2018年5月に公表された森口祐一氏らの「原発事故により放出された大気中粒子等のばく露評価とリスク評価のための学際研究」（代表機関：東京大学）では、半減期の長い（1570万年）ヨウ素129からのヨウ素131の推計法によれば、ヨウ素131とセシウム137の比率は、日本政府推計の10よりもかなり大きかったことが明らかになっている。同氏らの研究によれば、その比率は、数十〜100（10ページ）あるいは10〜360（61ページ）とされている（対数の中央値でそれぞれ32と60）。このことからも、東電の推計50を妥当なものと考えるべき十分な根拠がある。

　ヨウ素131放出量をベースにした大気中放出量の比較表は、表3の通りで

表3　福島事故放出量の数値の補正とチェルノブイリ事故、広島原爆、ネバダ実験場地上核実験総出力との比較（総括表）（ヨウ素 131 についての推計）

A.　福島における炉心残存量（青山氏らによる数字）	6.01E＋18 ベクレル 100%
B.　大気中への放出量・率（ストール・東電推計より計算）	2.66E＋18 ベクレル 44.2%
C.　比較対象1：チェルノブイリ大気中放出量推計とそれに対する福島の放出量Bの比 　　国連科学委員会推計	1.76E＋18 ベクレルの　　1.51 倍
D.　比較対象2：広島原爆による放出量 6.3E＋16 ベクレルとの比 　　福島の大気中放出量 B との比	広島原爆　42 発分
E.　比較対象3：米国ネバダ核実験場での地上核実験の総出力 2,471 キロトンとの比 　　福島の大気中への放出量 D のキロトン換算 42 発×16＝672 キロトン	0.27 倍

注記：表1と同じ。

出典：山田耕作・渡辺悦司「福島事故による放射能放出量はチェルノブイリの2倍以上——福島事故による放射性物質の放出量に関する最近の研究動向が示すもの」http://blog.acsir.org/?eid=29

同「補論1　福島原発事故によるヨウ素131放出量の推計について——チェルノブイリの1.5倍に上る可能性」市民と科学者の内部被曝問題研究会ホームページ所収

ある。

日本政府による放出量推計の補正について

　セシウム137とヨウ素131以外の放射性核種の放出量の推計についても、上記で検討したとおり、海側に流れた放射能量がほとんど捕捉されておらず、セシウム137の放出量をベースに、政府推計の数値を同じようにおよそ2.8倍すれば、ほぼ現実に近づくと考えられる（表4）。以下、XE＋NはX×10のN乗を表すこととする。

　もちろん、すでに留保したとおり、このような方法は、過小評価になっている可能性が高いであろう。しかし、ここで問題になっている、極めて大まかな放出量推計には十分役立つものであると考える。

　表4によれば、よく議論されるハイライトした核種以外にも、きわめて大量の放射性核種（多くは短寿命）が放出され、その被曝影響も住民の体内に蓄

表4　福島原発事故による大気中への放射性物質の放出量（政府推計とその補正）単位 Bq

* 筆者による推計

放出放射性核種	半減期	主な放出形態	大気中放出量	補正値（×2.8）*	推計
キセノン133	5.24d	ガス	1.1E+19	＝	日本政府
クリプトン85	10.756y	ガス	8.37E+16	＝	青山道夫
セシウム134	2.065y	微粒子	1.8E+16	5.04E+16	日本政府
セシウム136	13.16d	微粒子	3.8〜9.8E+15	1.06〜2.74E+16	レスター
セシウム137	30.04y	微粒子	1.5E+16	4.2E+16	日本政府
ストロンチウム89	50.53d	微粒子	2.0E+15	5.6E+15	日本政府
ストロンチウム90	28.74y	微粒子	1.4E+14	3.92E+14	日本政府
バリウム140	12.8d	微粒子	3.2E+15	8.96E+15	日本政府
テルル127m	109d	微粒子	1.1E+15	3.08E+15	日本政府
テルル129m	33.6d	微粒子	3.3E+15	9.24E+15	日本政府
テルル131m	30h	微粒子	5.0E+15	1.4E+16	日本政府
テルル132	3.26d	微粒子	8.8E+16	2.46E+17	日本政府
ルビジウム103	39.6d		7.5E+09	2.1E+10	日本政府
ルビジウム106	1.0y		2.1E+09	5.88E+09	日本政府
ジルコニウム95	65.0d		1.7E+13	4.76E+13	日本政府
セリウム141	33.0d	微粒子	1.8E+13	5.04E+13	日本政府
セリウム144	285.0d	微粒子	1.1E+13	3.08E+13	日本政府
ネプチウム239	2.4d		7.6E+13	2.13E+14	日本政府
プルトニウム238	87.74y	微粒子	1.9E+10	5.32E+10	日本政府
プルトニウム239	24100y	微粒子	3.2E+08	8.96E+08	日本政府
プルトニウム240	6570y	微粒子	3.2E+09	8.96E+09	日本政府
プルトニウム241	13.2y	微粒子	1.2E+12	3.36E+12	日本政府
イットリウム91	58.51d		3.4E+12	9.52E+12	日本政府
プラセオジム143	13.57d		4.1E+12	1.15E+13	日本政府
ネオジム147	10.98d		1.6E+12	4.48E+12	日本政府
キュリウム242	162.8d		1.0E+10	2.8E+10	日本政府
ヨウ素131（政府）	8.02d	ガス・微粒子	1.6E+17	4.5E+17	日本政府
ヨウ素131（東電）	8.02d	ガス・微粒子	5.0E+17	1.4E+18	東京電力
ヨウ素131（筆者）	8.02d	ガス・微粒子		2.1E+18	政府補正 Cs×50
ヨウ素132	2.3h	ガス・微粒子	1.3E+13	3.64E+13	日本政府
ヨウ素133	20.8d	ガス・微粒子	4.2E+16	1.18E+17	日本政府
ヨウ素135	6.6h	ガス・微粒子	2.3E+15	6.44E+15	日本政府
アンチモン127	3.85d		6.4E+15	1.79E+16	日本政府
アンチモン129	4.40h		1.4E+14	3.92E+14	日本政府
モリブデン99	65.94h		6.7E+09	1.88E+10	日本政府

出典：原子力災害対策本部「原子力安全に関する IAEA 閣僚会議に対する日本国政府の報告書——東京電力福島原子力発電所の事故について（平成23年［2011年］6月）」、原子力安全・保安院（当時）「東京電力株式会社福島第一原子力発電所及び広島に投下された原子爆弾から放出された放射性物質に関する試算値について」（2011年10月20日）、Pavel P. Povinec, Katsumi Hirose, Michio Aoyama, *Fukushima Accident — Radioactivity Impact on the Environment*, Elsevier（2013）、Charles Lester et al, *Report on the Fukushima Dai-ichi Nuclear Diaster and Radioactivity along the California Coast*（2014）。核種の半減期については、上記に記載のない場合、Wikipedia の情報により追加した。

表5　青山道夫氏らのデータに基づく福島事故による放射性核種の放出量の算出およびチェルノブイリ事故による放出量との比較（下線を引いた項目4列はわれわれによる計算）

核種	炉心残存量（Bq）	大気放出率×2.8倍	滞留水へ放出（%）	海水直接（%）	放出率計（%）	福島放出量計（Bq）	チェル放出量（Bq）	福島/チェル比（倍）
^{133}Xe	1.20E+19	(100)			100	1.20E+19	6.5E+18	1.85
^{85}Kr	8.37E+16	(100)			100	8.37E+16	3.3E+16	2.54
^{133}I	5.27E+17	22.4			22.4	1.18E+17	2.5E+18	0.047
^{131}I	6.01E+18	44.2*	32		76.2	4.58E+18	1.76E+18	2.60
^{134}Cs	7.19E+17	6.72	29**	0.49	36.21	2.60E+17	5.4E+16	4.82
^{137}Cs	7.00E+17	6.16	29**	0.50	35.66	2.50E+17	8.5E+16	2.94
^{129m}Te	1.89E+17	5.04			5.04	9.53E+15	2.4E+17	0.040
^{132}Te	8.69E+18	2.8			2.8	2.43E+17	1.15E+18	0.211
^{89}Sr	5.93E+18	0.0924	1.2		1.2924	7.66E+16	1.15E+17	0.666
^{90}Sr	5.22E+17	0.0756	1.6	0.000010	1.67561	8.75E+15	1.0E+16	0.875
^{144}Ce	5.92E+18	0.000532		0.00003	0.000562	3.33E+13	1.16E+17	0.000287
^{238}Pu	1.47E+16	0.000364			0.000364	5.35E+10	3.5E+13	0.00153
^{239}Pu	2.62E+15	0.000336			0.000336	8.79E+9	3.0E+13	0.000293
^{240}Pu	3.27E+15	0.00028			0.00028	9.156E+9	4.2E+13	0.0002184
^{242}Cm	2.83E+17	0.000112			0.000112	3.164E+11	9.0E+14	0.000352
^{99}Mo	1.14E+19						1.68E+17	
^{99m}Tc	9.98E+18		0.58		0.58	5.79E+16		
^{110m}Ag	1.64E+16							
^{125}Sb	4.31E+16		0.015	0.00028	0.0158	6.59E+12		
^{136}Cs	2.18E+17	8.7（中央値）	17		25.7	5.60E+16	3.6E+16	1.56
^{241}Pu							6.0E+15	
^{241}Am	1.55E+15							
^{244}Cm	8.64E+15							
^{54}Mn	2.83E+14			0.016	0.016	4.53E+10		
^{60}Co	9.42E+12			0.11	0.11	1.04E+9		

・青山氏らによる付表2［2-1および2-2］を基に、われわれが計算あるいは換算したもの。「チェル」はチェルノブイリの略記。「チェル放出量」は青山氏らの表の表示法を変更したもの。青山氏にないデータはUNSCEARから引用した。下線を引いた項目4列は青山氏らのデータを基にわれわれが計算したもの。大気中放出率は、1号機および3号機が2号機と同じ放射能量を放出したと仮定して計算した。*がついているI131の数値はストールによるCs137放出量最大値と東電によるI131/Cs137比率とからわれわれが計算したものである。

・青山氏らは、福島事故を2011年3月12日日本時間5時から2011年5月1日0時までの期間としている。それ以後に放出された放射能量は含まれていない。

・チェルノブイリ事故の放出量で数字に幅のあるものについては、UNSCEARの数字（最大値を

採っている）との比較のために、最大値をとった。

・青山氏らは滞留水への放出量については、日本原子力研究開発機構（JAEA）の西原健司らの推計を参照したとしている。西原らの推計は東電およびJAEAによる汚染水の実測値に基づいている。その後、青山氏らは東電による回収量から汚染水中への放出量を再推計している（青山道夫「東京電力福島第一原子力発電所事故に由来する汚染水問題を考える」岩波書店『科学』2014年8月号）。**を付けているのはそこでの数値（セシウム137回収量200PBq）を基にした筆者（渡辺）の再推計である。

積されていることがわかる。

　大気中・直接海水中・汚染水中への放出量合計をチェルノブイリの大気中放出量と比較したものが表5である。これによって、福島原発事故は、主要核種の放出量においてチェルノブイリ事故を上回る史上最大・最悪の原発事故であったことが明らかになる。

　また後に議論する白血病など血液がんの多発との関連で先行して指摘しておけば、骨に沈着し骨髄に直接・間接に影響を及ぼすリスクの大きいストロンチウムの放出量において、福島事故はチェルノブイリ事故と大きく変わらない点（Sr90で約9割）に注目すべきである。

第2章

不溶性放射性微粒子の特別の危険性
1個でも吸入・沈着すると長期にわたるリスクがある

渡辺悦司

　福島原発事故に特徴的な放射能放出形態は、不溶性の放射性微粒子である。この点を検討しよう。NHKの2017年6月6日「クローズアップ現代」は、この問題について重要な番組（「原発事故から6年　未知の放射性粒子に迫る」）を放送したが、肝心の点——このような微粒子の健康へのリスクについて、政府側専門家（甲斐倫明［当時］保健物理学会会長/大分県立看護科学大学・教授）による「全」否定のコメントを付けた。これも含めて以下に検討する。

1　放射性微粒子のいろいろな種類

　福島原発事故で放出された放射性微粒子には、いろいろな種類があることがわかっている。以下に列挙してみよう。

図1　足立氏が測定したセシウムボールの電子顕微鏡映像とガンマ線スペクトラム

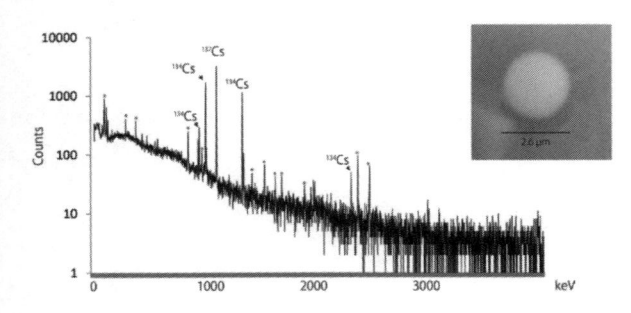

出典：Kouji Adachi, et al; Emission of spherical cesium-bearing particles from an early stage of the Fukushima nuclear accident　「Nature」のホームページにある。

1）粒径2μm程度の放射性セシウム含有球形ガラス状合金の粒子。これは「セシウムボール」とも呼ばれている。この名前はセシウムだけが含まれるのではないので不正確だが。気象庁気象研究所の足立光司氏が発見したもので「足立粒子」とも呼ばれている（NHK番組では「A

タイプ」である）。この程度の粒径であると、沈降しにくく、浮遊性が高く、吸入した場合は肺の奥深く肺胞まで達して沈着する。しかも、水にも酸にも脂肪にも溶けず（不溶性）、しかも鉄分を含むため体組織に吸着しやすく、吸入した場合長期にわたり排出されないなど、極めて危険度が高い。

　前述のNHK番組によると、このような粒径の不溶性放射性微粒子（「Aタイプ」）は、福島よりは、ずっと離れた関東の南部、東京とのその近郊で広く発見されているという（図2）。

2）放射性セシウムなどが<u>大気中エアロゾルに付着した粒子。</u>これは、兼保直樹氏（産業技術総合研究所）らが推測した、既存の大気中エアロゾルに放射性物質が吸着した微粒子であり、基本的には水に可溶性である。

3）エアロゾル吸着微粒子（上記2）のもの）は、地表で<u>土壌と反応して不溶性微粒子</u>を生成することが明らかになっている。高橋嘉夫氏らの研究（『原発事故環境汚染』東大出版会、2014年、142 ～ 148ページ）によれば、「エアロゾル中で水溶性の高かった放射性セシウムは、土壌沈着後に不溶性に変化」するという。「セシウムが粘土鉱物中の酸素と直接結合をもって吸着されている」「放射性セシウムは沈着したその場で粘土鉱物に強く吸着され、それ以上は動かなくなる」。つまり、土壌に沈着した可溶性放射性セシウムの多くの部分は、沈着後に、錯体として「不溶性放射性微粒子」となり、可溶性微粒子に含まれていた放射性セシウムは不溶性微粒子として再飛散している可能性が高いという。不溶性のセシウム137含有放射性微粒子が、可溶性のセシウムから自然環境の中で地

図2　粒径の小さい不溶性放射性微粒子が発見された場所：東京とその周辺地域

NHKのいう「Aタイプ」すなわち粒径1 ～ 10 μm・放射能量1 ～数10Bqの放射性微粒子が発見された場所。首都圏を含めて関東平野の広範囲な地域がこのタイプの微粒子に汚染されていることがわかる。
出典：NHK2017年6月6日「クローズアップ現代」の画面より

図3　福島の川にセシウムボール

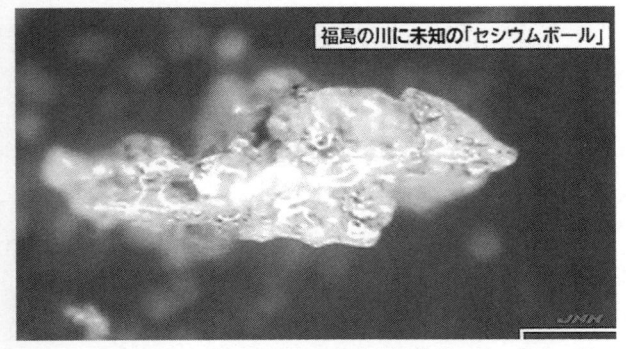

出典：TBS ニュース「"目に見える" 放射性物質の粒、福島の川で確認」2018 年 3 月 7 日。針先程度の大きさで目に見えるという。100 リットルの川の水に 1 粒程度見つかると TBS ニュースは報じている。

図4　福島第一原子力発電所事故により 1 号機から放出された放射性粒子の放射光マイクロビーム X 線分析を用いる化学性状の解明

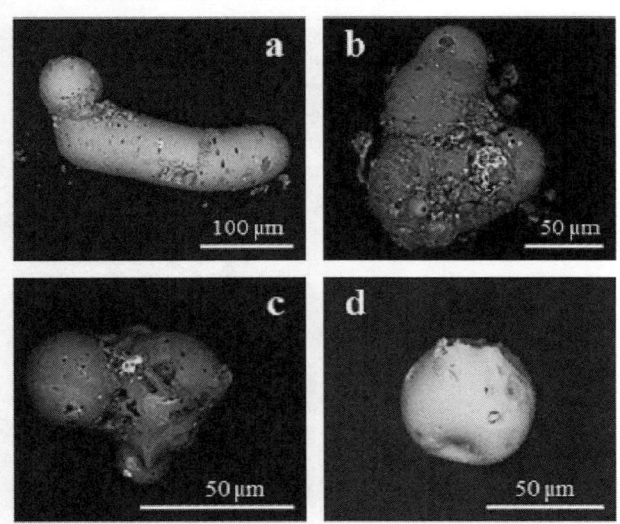

出典：小野貴大ほか。『分析化学』2017 年第 4 号論文より

球化学的過程により生成されているということは、恐ろしい驚愕の事実である。

4）ナノサイズの微粒子。これも足立氏によって、またアメリカのアーニー・ガンダーセン氏らによって、存在が確認されており、数的に最も多く、危険性も高いと思われるが、未解明の部分が多い。マスコミでもほとんど取り上げられていない。

5）最近多く発見されている不定形の大型の粒子（数十から数百 μm サイズで、鼻血の重要な原因物質であると思われる、図3，4）。これは、上記NHK番組でも強調されており（NHK番組のいう「Bタイプ」）、福島原発近傍で多く発見されているとされている。

6）森林で生物濃縮（真菌胞子・花粉など）された放射性微粒子。

これらの再飛散は季節変動によって確認されている（五十嵐康人氏ら「福島第一原発事故由来放射性セシウムの再浮遊：胞子は重要な役割を果たすのか」『地球惑星科学連合2016年大会』所収）。五十嵐氏らは、「夏季におけるバイオエアロゾルによる放射性セシウムの再飛散を真剣に考慮すべきことがわかってきた」とその危険性を指摘している。

7）いわゆる「黒い物質」。生物［藻類など］由来のものとバルク沈着［大気中で塊を形成して沈着］との両方があると考えられている。この点については、大山弘一氏に特別に寄稿していただいた（後掲）。同氏の調査では、福島県南相馬市で35万Bq/kg、東京都内でも1万3000Bq/kgの放射能を含む「黒い物質」が発見されたという。

では、陸上に沈着したセシウム137のうち不溶性微粒子はどのくらいの割合を占めるのであろうか？　筑波大学の佐藤志彦氏らは約50%（前掲『地球惑星科学連合2016年大会』）、九州大学の宇都宮聡氏は80〜89%（『朝日新聞』2016年6月27日）と推定しており、過半数と評価してよいであろう。

2　セシウム137含有不溶性放射性微粒子の特別の危険性

欧州放射線リスク委員会（ECRR）2010年勧告（日本語版95ページ）は、上記のようなセシウム137含有不溶性放射性微粒子の特別の危険性を示唆している。同勧告によれば、外部被曝一般およびカリウム40（自然放射能）による内部被曝と比較して、セシウム137は「2段階原子壊変」を行うのでその内部被曝は危険度が高い（20〜50倍）とされ、「不溶性放射性微粒子」となると、その危険性はさらに高くなる（20〜1000倍）とされている。結局（20〜1000倍）×（20〜50倍）＝400倍〜5万倍の危険度があるということになる（対数の中央値で約4500倍程度）。

放射線医学総合研究所『低線量放射線と健康影響』（以下放医研文書と表記）に記載されている、細胞レベルで線量を評価するマイクロドシメトリの係数は、通常の外部被曝の約1000倍であるとされている（109〜110ページ）。セシウム137含有不溶性放射性微粒子の危険性も同じように約1000倍以上であることも示唆されている。

図5　NHKによる不溶性の場合の放射性微粒子の危険度

出典：NHK2017年6月6日「クローズアップ現代」の画面より

つまり、気象研足立光司氏が発見した粒径2μm程度の微粒子は、現在おそらく約1Bq（ベクレル）程度の放射能量であると仮定できる。それを1個を吸引したとしても、ECRR係数で4500Bq相当のリスクとなり、健康被害「ゼロ」論に立つ専門家たち（菊池誠氏、安斎育郎氏など）がよく言及する「危険がないレベル」、体内のカリウム40（約4000Bq）を超える水準に達する。

　この微粒子は1個（1ベクレル）と仮定しても、放医研のマイクロドシメトリの係数を使っても1000ベクレル相当の危険度があることになる。政府側専門家の基準でも4個が体内に侵入・沈着すれば危険であるということなる。

　このような政府側専門家によるリスク比較論は、「追加される」リスクに対して著しく過小評価になっていることは明らかである。それにもかかわらず、それを仮定しても、不溶性放射性微粒子はこれだけ危険だということなのである。

　不溶性放射性微粒子の倍加された危険性は、NHK番組でさえも同じように指摘されていた（図5）。

　NHK番組で指摘されている、さらに放射能量の高い粒径5μmで440Bqの放射能量のある微粒子では、近傍の細胞では1日で1Gy（吸収線量の単位、X線、γ線、β線の場合1Svに等しい）レベルの被曝量となり、短期間に周辺細胞の細胞死と臓器の損傷をもたらす可能性がある。同番組のベースになった森口祐一ほか『原発事故により放出された大気中微粒子等の曝露評価とリスク評価のための学際研究』（2018年5月）によれば、不溶性微粒子の場合、「数十Bqの放射性セシウム粒子が同じ場所に留まり続けた場合」には、被曝線量が「標的細胞1㎜の領域では0.1Gy/day程度になる」とされている。これだとおよそ3ヵ月（100日程度）で細胞死と組織損傷に到るレベル（10Gy）になり、

出血や炎症などが生じると十分考えられる。政府側専門家もそのことを認めているのである（上記94ページ）。

　しかも、このような放射性微粒子は現在も再飛散・再拡散・移動しつつあり、さらにはゴミなどの焼却によって新たに形成されつつある。それらは、人々の流れや物流の中心的集積地である東京首都圏に集中・集積しつつあると考えざるをえない。

　放射性微粒子による汚染の危険をもたらしているのは以下の過程である。

・東電による不用意な廃炉作業にともなう放出
・事故原発で続く核分裂による放出（サージ、スパイクとして現れている）
・汚染ガレキ・ゴミ等の焼却などによる再形成と再飛散
・汚染地域森林の山火事などによる飛散
・交通機関（道路・鉄道など）による微粒子の拡散（とくに首都圏・大都市圏への集積）政府機関の測定によれば福島の汚染地域を走行すると$2\,\mathrm{Bq/cm^2}$＝2万$\mathrm{Bq/m^2}$の微粒子が付着するという。
・土壌に沈着した微粒子の風による再飛散
・フレコンバッグの運搬時の飛散、また破れたフレコンバッグからの飛散
・海洋に沈着した放射性物質の海の泡や海からの上昇気流による再飛散
・山や森林や宅地などからの生物濃縮された微粒子の再浮遊（上述）
・水系、水道水や食品中の放射性微粒子

　結論：福島原発事故放出放射能に特有の形態である不溶性放射性微粒子の危険性だけからしても、福島はもちろん東京首都圏も、決して放射線科学・医学上の安全性が保証されているとは言えない。日本政府の「安全・安心」の言説を決して信じてはならない。

第3章
放射線影響の受け易さ・放射線感受性には個人差が極めて大きい

本行忠志

東京オリンピックでのアスリートと観客・観光客の被曝を評価する上で重要な問題は、放射線への影響の受けやすさ（放射線感受性）には個人差が極めて大きいという点である。同じ線量の被曝をしてもどのような影響がどの程度出てくるかは、個人によって大きく異なり、諸個人の被曝リスクには非常に大きな幅がある。本行忠志氏は、この問題に関する専門的な研究をされている数少ない研究者の一人である。氏の論考「放射線の人体影響——低線量被ばくは大丈夫か」（『生産と技術』第66巻第4号［2014年］所収）から、著者の許諾を得て「放射線感受性には個人差がある」の項目を全文掲載させていただいた。（渡辺悦司）

最近、「放射線被ばくは何mSvまでは大丈夫か」という質問を受けることがよくあるが、それは個人個人により大きく異なる。

アルコールに対する強さに個人差があるように、放射線に対しても影響を受けやすい人と受けにくい人がいる。

年齢、人種、集団、性別、遺伝子等によって放射線感受性は異なることが知られている。特に年齢と遺伝子による放射線感受性の個人差は大きいものがある。

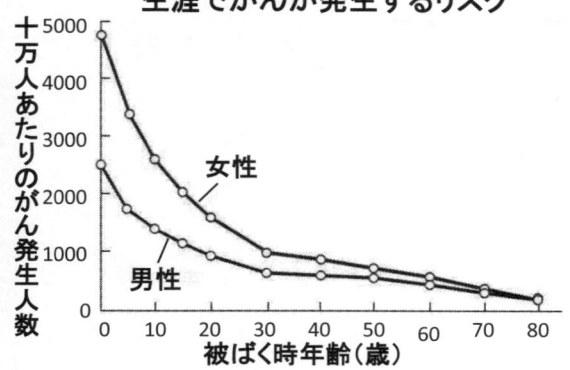

100mSvの放射線を1回浴びた時の生涯でがんが発生するリスク

十万人あたりのがん発生人数

女性
男性

被ばく時年齢（歳）

出　典：Eric J. Hall et al, Radiobiolpgy for the Radiolost,7th edition より筆者作成。

1　年齢：若いほど感受性が高くなる[1]

放射線に対する感受性は若いほど高くなる。その理由として、

(1)　細胞分裂が盛んなため、放射線感受性が高い：放射線の感受性は複製中の細胞に対して極めて高くなる。子供や胎児においては多くの細胞が非常に活発に分裂を繰り返している。

(2)　放射線の相対的な被ばく範囲が広い：同じ被ばく範囲なら体が小さい程、被ばくをする割合は大きくなる。

(3)　骨髄中の赤色（活性）骨髄の占める割合が高い：若いほど骨髄の細胞分裂は盛んで放射線により白血病を発症しやすくなる。胎児では肝臓、胸腺や脾臓も造血臓器である。

(4)　被ばく後の生存期間が長い：がんや遺伝的影響は期間が長いほど発生しやすくなる。

(5)　皮膚が薄い：外部被曝の場合、皮膚が薄いほど放射線が内臓に達するまでの減衰が少ないため、各組織がより多くの影響を受ける。

(6)　モニタリングポストの空間線量率の値は子供に対しては過小評価されている：モニタリングポストは地上より1mの高

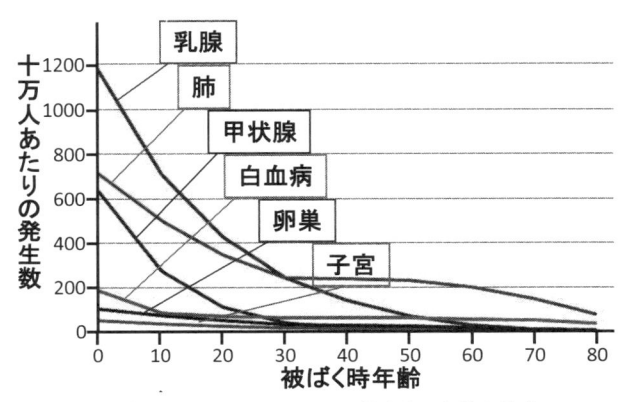

出典：全米科学アカデミーＢＥＩＲⅦ報告書より筆者作成

1　（引用者注記）幼児や子供の放射線感受性の高さについてICRPは平均の2〜3倍（ICRP2007年勧告）としている。ジョン・ゴフマン氏（『人間と放射線』明石書店、2011年、242ページ）は、さらに大きな年齢による感受性の差の数値を取っており、平均的な30歳成人との対比で0歳児で15.2倍、10歳児で5.4倍としている。

さを計測しており、子供が放射線の影響を受ける数十cmの高さの空間線量はその数倍高いことが知られている。

2　遺伝子の異常

また、遺伝子の異常によって非常に放射線感受性が高くなることがある[2]。その例を見てみよう。

(1)　ATM遺伝子やNBS1遺伝子の異常：それぞれ、血管拡張性運動失調症やナイミーヘン症候群の原因遺伝子で、非常にまれな疾患だが、両遺伝子ともDNA2本鎖切断の修復に関与している。これらの遺伝子の変異をヘテロで持っている人は世界に数％存在し、放射線による感受性が高く、乳がんを発症しやすいと報告されている。

(2)　BRCA1/2遺伝子の異常：この遺伝子もDNA2本鎖切断の修復に関係する遺伝子で、変異があると女性は乳がんや卵巣がんになりやすく、男性は前立腺がんになりやすいことが知られている。2013年、女優のアンジェリーナ・ジョリーが予防的乳房切除術を公表して話題になった。この遺伝子の変異をヘテロで持つ女性[3]の30歳前のCTやマンモグラフィーによる診断用放射線ばく露で乳がんリスクが有意に増加し、線量反応パターンが見られたと報告されている。

3　生物学的半減期

α線やβ線で内部被ばくした時、これらはBq（ベクレル）でカウントされる。これを放射線防護の単位であるSv（シーベルト）に換算する時、ICRP（国際放射線防護委員会）が定めた実効線量係数が用いられる。その実効線量係数

2　（引用者注記）家族性の遺伝子変異による放射線高感受性の人口集団は、放医研の文書（前掲『低線量放射線と健康影響』）で人口の約1％、ECRRによれば約6％とされている。つまり、福島県（人口約200万人）でおよそ2〜12万人、関東圏（人口約4400万人）でおよそ44〜260万人である。また、東京オリンピックに日本を訪れる選手・観客客をおよそ1000万人と仮定するとしても、およそ10〜60万人の人々が遺伝子的に放射線高感受性であろうと予測される。「わずか」であるとか「慮外にして問題ないレベル」とは決して言えない。

3　ヘテロ接合体：1対の遺伝子のDNA塩基配列に差があること。

は、問題とする核種の生物学的半減期と放出するエネルギーおよび浴びる人の組織重量の関数となる。ところが、生物学的半減期と組織重量は個人差が大きく、例えば、Cs137の生物学的半減期は4歳男性1.7〜20.1日、37歳男性1.5〜129.5日、14歳女性0.5〜80.2日であり、同じ年齢でも10〜100倍と非常に大きなバラツキがある。

これは、実効線量係数は各年代の平均値のみ指定されているので、同じ実効線量（Sv）で表されていても、実際の内部被曝量には100倍の違いがあることを意味している。

以上のように、放射線感受性に個人差が非常に大きいことを考慮すると、放射線の線量制限は一番感受性の高い人に合わせるべきだと考えるべきである。

第4章
トリチウムの特別の危険性

渡辺悦司　山田耕作

　水素の放射性同位元素であるトリチウム（三重水素）は、処理にコストがかかるので、福島事故原発に莫大な量（100万トンとされる）が溜まっている。日本政府と東京電力は、このトリチウム汚染水について何としてもオリンピックが始まる前に海洋投棄を開始しようと計画している。この動きに反対し放出を阻止しようと行動した科学者と市民の運動は先に述べた（第1部第11章）。そこで議論された、トリチウムの環境中での濃縮・蓄積、とりわけ生物濃縮の問題をめぐる議論も前述した（同）。ここでは、①海洋放出した場合の汚染水の流れの想定、②トリチウムの生体内での特別の危険性という2点を検討する。

1　汚染水を放出すれば東京方向に流れ茨城沖で渦を形成する

　事故原発から大量の放射性トリチウムをトリチウム水として海洋に放出すれば、何が起こると予測されるであろうか？

　①**有機トリチウムの生成**：トリチウムの一定の部分は、海水中の豊富な有機物と結合したり、植物性プランクトンの光合成作用により、有機物と結合し、有機結合型トリチウム（以下有機トリチウム）となる（アンドリュー・ターナー「河口水域におけるトリチウムの分配——有機物質の役割」[1]、ティム・ディアジョーンズ「海流に乗るトリチウム汚染水——東京近海の太平洋沿岸まで汚染の可能性」[2]、詳しくは後述）。

1　Distribution of tritium in estuarine waters: the role of organic matter.
　Turner A, Millward GE, Stemp M. *Journal of Environmental Radioactivity Volume 100, Issue 10, October 2009, Pages 890-895*
2　渡辺悦司訳『Days Japan』2018年11月号

図 1　福島第一原発から放出された汚染水の流れシミュレーション（2011 年 4
　　　月下旬時点）

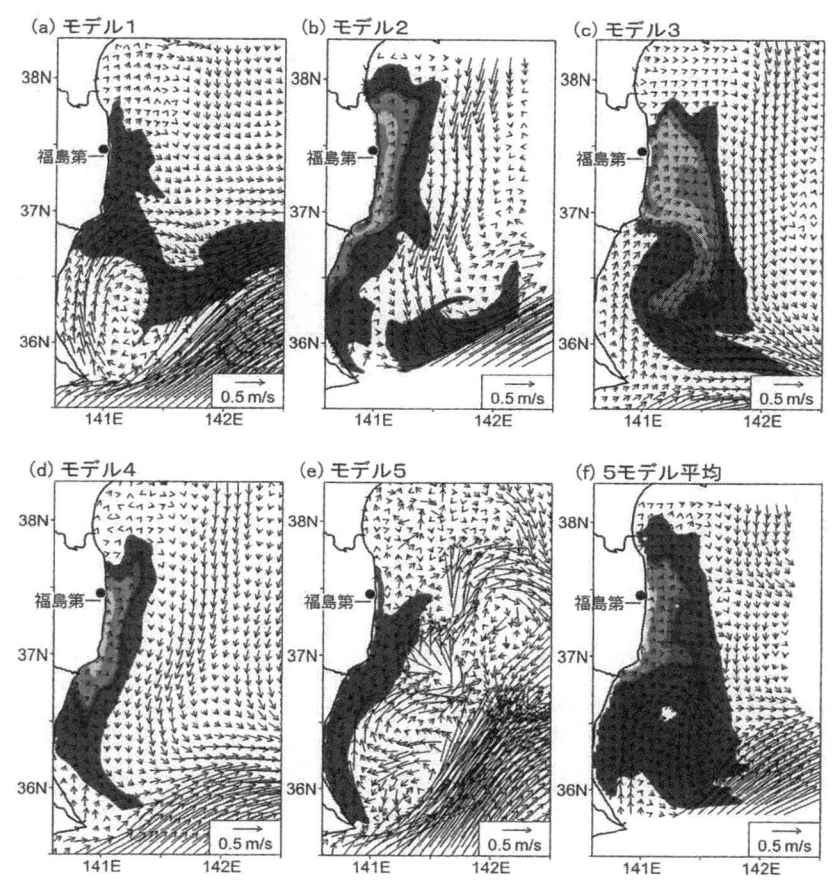

出典：升本順夫ら「海洋に直接漏洩した Cs137 の分散シミュレーション」、中島映至ほか編『原
　　　発事故環境汚染』（東京大学出版会、2014 年）所収

②東京に近づく方向に流れしばらく停留する：排出された汚染水は、沿岸
　では主としては北向きに流れた後、沖合いでは強力な南向きの海流（親
　潮）に乗って、主流は南方向に流れ、東京圏に近づく。その後、茨城県
　の沖合いで、強力な黒潮と衝突し、主要な流れの方向を東向きに変え北
　米方面に向かうのであるが、その前に茨城県沖で複雑な中規模渦を形成

し、しばらく滞留すると考えられている。升本順夫氏らは、放射性セシウムについて、事故原発から海洋に放出された放射性物質がどのように流れるかを、親潮と黒潮の流れの強さとコースに応じて、いくつかのシミュレーションを行っている。図1はその総括図である。1カ月半でこの広がりと滞留であることに注意が必要である。

③**関東圏に飛来し沈着する**：有機トリチウムを含むトリチウム水は塩水より軽いので、海水の表面に広く広がり、東寄りの風や上昇気流を含む雨雲により巻き上げられ、太平洋沿岸地域だけでなく東京を含む関東圏の広い範囲を汚染する現実の危険がある。2018年9月30日に上陸した台風24号によって関東圏で内陸各地を含む広範囲の塩害の被害が生じたが、この事実は沿海・沖合からのトリチウムの飛散の危険性を現実のものとして示している。

これらのことから、もしもオリンピック開催以前あるいは開催中にトリチウム汚染水が事故原発から放出されることになれば、オリンピックに訪れる世界のアスリートや観客・観光客をあたかもターゲットにしたかのように放射能汚染させることになるといわざるをえない。もちろん、このことは、汚染水が何らかの事故や作業ミス、秘密裏の意図的漏洩、あるいは新たな地震・津波などによって漏れ出した場合でも同じである。

2　トリチウムの「特別の」危険性について

トリチウム水として、とりわけ有機物と結合したトリチウム（有機結合型トリチウムあるいは有機トリチウム）は、生命活動に必須な水や糖類・タンパク質（アミノ酸）・脂肪などとして体内に侵入する。とくに有機トリチウムの場合、①長期にわたって生体内にとどまり、②DNAの構造の内奥にまで侵入して内部からDNAを損傷し、③体内で水素含有量の多い脂肪に結合して体内の脂肪組織に蓄積され、④脂肪の割合の大きい脳や生殖細胞に集中的に被曝影響を及ぼすなど、他の放射性核種にはない一連の「特別の」危険性がある。以下、これらの点を検討しよう。

トリチウムの危険性を「ゼロ」とする政府の虚偽主張

日本政府や政府側専門家たちは、崩壊時の放出エネルギーが低い・生物学的半減期が短い（トリチウム水で10日）等を理由に、トリチウムの危険性を認めない。トリチウムの生物学的・放射線学的危険性や健康リスクを事実上「ない」「ゼロ」だとする宣伝は、公然と強まっている。このような日本政府や政府側専門家たちの主張は、ICRPやUNSCEARの立場からしても、全くの嘘であり、虚偽主張である。

ICRP2007年勧告は、トリチウム水の生物学的危険度（外部被曝一般に対する生物効果比＝RBE）が外部被曝一般よりも高い可能性（1〜3.5倍）を検討しながら、結局「1」（1倍）としている（日本語版228〜229ページ）。この評価は極めて問題であるが、それでも重要な点は、ICRPがトリチウムのリスクを決して日本政府が示唆するような「0（ゼロ）」とは評価してい「ない」ことである。

トリチウム水の生物学的危険度：2〜3倍

UNSCEAR2006年報告は、ICRP2007年勧告に先だって、さらに進んだ規定を与えていた。同報告は「トリチウムのベータ粒子は、ガンマ線やX線より大きな生物効果比をもつ。低線量または低線量率では、酸化物（トリチウム水）の形でRBE値が2〜3であり、有機分子に結合した形では、さらに高いRBE値が提唱されている」（123ページ）と明記している。

野村大成氏（大阪大学医学部名誉教授、現医薬基盤研究所研究リーダー）らは「トリチウムβ線のRBEとその線量率依存性」研究プロジェクトにおいて、マウスの実験に基づいてトリチウムのRBEを2.7と推計している[3]。UNSCEAR2006年報告の上の評価はすでに1989年に実験的に確認されているのである。

有機トリチウムの生物学的危険度：10〜60倍

UNSCEAR2006年報告は「有機トリチウムのさらに高いRBE」の具体的

3　野村大成・山本修「トリチウムによるマウス固体での遺伝子突然変異の誘発」『「トリチウムβ線のRBEとその線量率依存性」平成元年度文部省科学研究費補助金研究成果報告書』所収

な数値を挙げていない。澤田昭三氏は、同研究プロジェクトの「研究の総括と今後の研究課題」において「有機結合型トリチウムはHTO（トリチウム水）に比べてマウス初期胚の発生に対する効果が5〜20倍くらい高いことがわかった」としている[4]。つまり、野村氏の研究をベースとすれば、有機結合型トリチウムのRBE（生物学的危険度）は、これ（5〜20倍）に上記の2.7をかけて、13.5〜54倍となるということになる。UNSCEAR2006年報告の挙げている数値2〜3をベースにすれば、これに5〜20倍を掛けておよそ10〜60倍ということになる。

ECRRによるトリチウムの危険度の評価から計算：50〜600倍

ECRR2010年勧告は、トリチウムによる内部被曝の「生化学的強調係数」（ほぼRBEに相当する係数）を10〜30と推定している（日本語版96ページ）。つまり、外部被曝およびカリウム40による内部被曝に比較して、トリチウムによる内部被曝には10〜30倍の危険度があるということである。ECRRは、上記で検討した「有機トリチウム」のとくに高い危険度（澤田氏によるトリチウム水の5〜20倍）について触れていないようである。ECRRと澤田氏による2つの係数を掛け合わせるとX線やガンマ線による外部被曝に対して50〜600倍となる。

この50〜600倍という数値は、運転中の原発や核施設の周辺地域で観察されている子供の白血病の高い発症率の数値（表1）を説明する要因の1つとなるであろう。原発や核施設は、莫大な量のトリチウムを放出するからである。子供の放射線感受性の高さ（ICRPの過小評価された数字でさえも2〜3倍）を考慮すると、子供について100〜1800倍であり、1000倍はその範囲内に含まれる。

3　生体内に取り込まれたトリチウムの挙動

DNA内部の水素結合に取り込まれたトリチウムによるDNA損傷モデル

トリチウム（放射性核種である三重水素）は、上記の作用とともに、それらには当てはまらない特別の作用をDNA・ゲノムに対して行う。この場合の

4　澤田昭三（当時広島大学原爆放射能医学研究所）「研究の総括と今後の研究課題」『「トリチウムβ線のRBEとその線量率依存性」平成元年度文部省科学研究費補助金研究成果報告書』所収

表1　核施設近隣に居住する子供らにおける過剰な白血病とがんのリスクを立証している研究

核施設	年	ICRPリスクの何倍か	備考
a セラフィールド/ウィンズケール、英国	1983	100 ～ 300	COMAREによってよく調べられた：大気と海への高いレベルの放出
a ドーンレイ、英国	1986	100 ～ 1000	COMAREによってよく調べられた：大気と海への粒子状の放出
a ラ・アーグ、フランス	1993	100 ～ 1000	大気と海への粒子状の放出：生態学的、症例参照研究
c アルダーマストン/バーフフィールド、英国	1987	200 ～ 1000	COMAREによってよく調べられた：大気と河川への粒子状の放出
b ヒンクリーポイント、英国	1988	200 ～ 1000	沖合の泥土堆への放出
d ハーウェル、英国	1997	200 ～ 1000	大気と河川への放出
b クリュンメル、ドイツ	1992	200 ～ 1000	大気と河川への放出
d ユーリッヒ、ドイツ	1996	200 ～ 1000	大気と河川への放出
b バーセベック、スウェーデン	1998	200 ～ 1000	大気と海への放出
b チェプストウ、英国	2001	200 ～ 1000	沖合の泥土堆への放出
全ドイツ；KiKK	2007	1000	様々なタイプをあわせたもの

a海に放出している再処理工場、b海あるいは河川に放出している原子力発電所、c核兵器あるいは核物質製造工場、d地域の河川に放出している原子力研究所

COMARE：英国「環境中放射線の医学的側面に関する委員会」Commetee on Medical Aspects of Radiation in the Environment

注記：ヒンクリーポイント、クリュンメル、バーセベック、チェプストウが原発、KiKKが原発関連である。

出典：ECRR2010年勧告邦訳194ページ

　モデル図を以下に掲載する（図2）。トリチウムは水素の同位体として、チミジンやシチジンなど4種類のDNA前駆物質（糖とアミノ酸の結合体）に取り込まれると、細胞分裂時にDNAの内部とりわけ水素結合部位に組み込まれることがありうるからである。

　トリチウムはDNAの構造の内部に奥深く取り込まれる数少ない放射性核種であり、その壊変は、DNAに他の核種とは異なるきわめて深刻な影響を及ぼすと考えなければならない。

脂肪に取り込まれたトリチウムの特別の危険性——遺伝的影響

　トリチウム（三重水素）は、脂肪含有比率の高い精巣・卵巣への蓄積傾向

図2　DNA内部の水素結合に取り込まれたトリチウムによるDNA損傷モデル

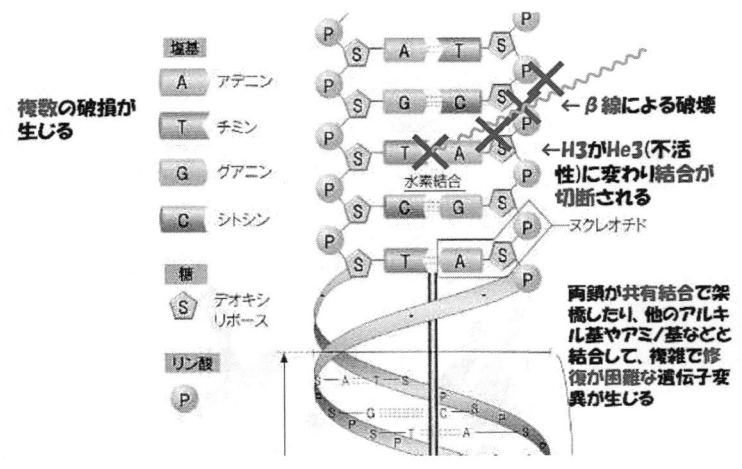

出典：『サイエンスビュー生物総合資料』（実教出版）の図に筆者が加筆（図の太字と波線の部分）

を持つ。それによって、トリチウムは、放射線の遺伝的影響の中で特別に深刻な影響をもたらす可能性がある[5]と考えるべきであろう。すでに、今までに、トリチウムによる生殖器被曝と、フィラデルフィア染色体（9番染色体と22番染色体の転座）異常による白血病や、先天性欠損症による死産および新生児死亡、新生児の中枢神系異常、ダウン症（21番染色体数の異常）などとの関連が示唆されてきている[6]。さらには、遺伝性の難病の種類の拡大と多発[7]についても何らかの関連が考えられる。

　脂肪の比率の多い臓器の代表的なものの一つは脳であり、脳腫瘍や中枢神経系の障害へのトリチウムの影響が考えられる。ロザリー・バーテル氏は、トリチウム被曝と新生児の中枢神経系の異常とが関連する可能性を示唆している（Rosalie Bertell, "Health Effects of Tritium" 2005)。

5　トリチウムによる遺伝的影響が「ある」ことを示した研究の一つとして：栗下昭宏ほか「マウスF1胎仔の外形奇形発現に及ぼすトリチウム水の影響」『「トリチウムβ線のRBEとその線量率依存性」平成元年度文部省科学研究費補助金研究成果報告書』所収を挙げておく。
6　渡辺悦司・遠藤順子・山田耕作『放射線被曝の争点』緑風出版（2016年）第2章を参照のこと
7　難病情報センター「2015年から始まった新たな難病対策」

図3 玄海原発稼働の前後の白血病死亡率

原発稼働前（1969～1976年）の佐賀県内自治体の玄海原発からの距離と住民の年平均白血病死亡

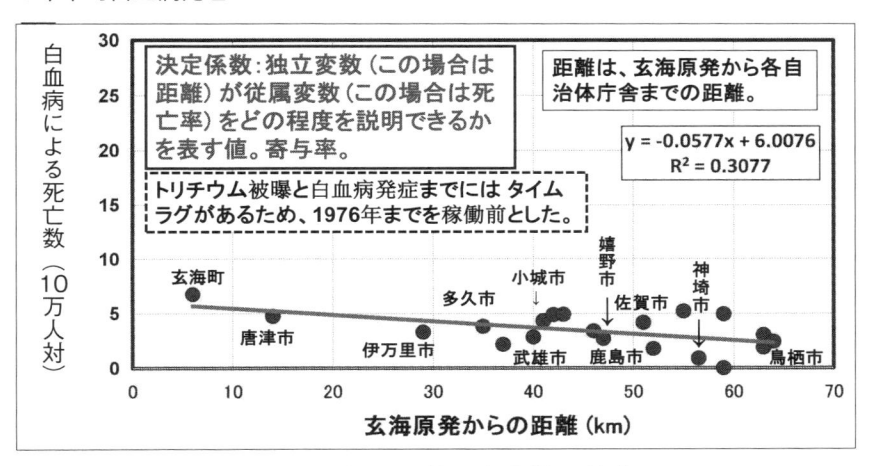

相関係数 R= -0.5547　相関係数の有意性の検定 p= 0.011
決定係数 R²=0.307　（死亡率の出典：佐賀県人口動態統計）

原発稼働後（2001～2012年）の佐賀県内自治体の玄海原発からの距離と住民の年平均白血病死亡

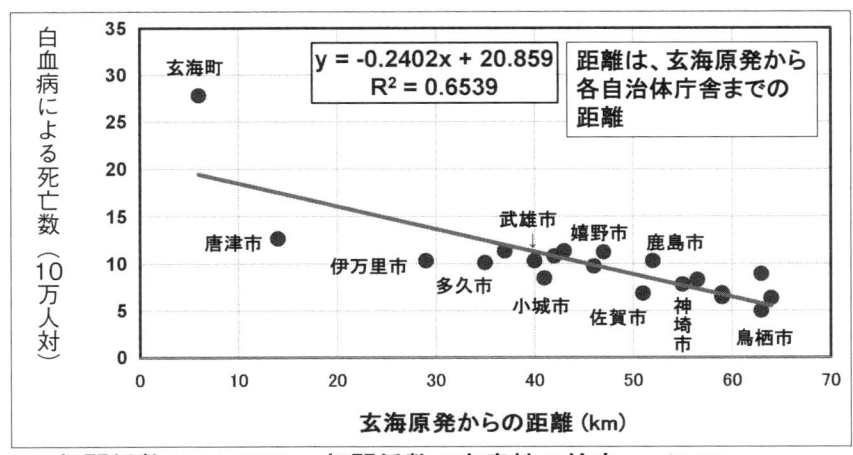

相関係数 R=-0.8086　相関係数の有意性の検定　p＜0.001
決定係数 R²=0.6539　（死亡率の出典：佐賀県人口動態統計）

出典：森永徹元純真短期大学講師の京都講演資料より

4　トリチウムによる被害の実例原発

トリチウムの健康影響も、多くの事例によって示唆されている。

⑴　玄海原発周辺の白血病の増加

　森永徹氏によると、2002年から2012年の間で今回投棄されるのとほぼ同量のトリチウムが放出された玄海原発周辺では白血病が増加している（図3，森永徹氏の京都での講演資料より）。

⑵　トリチウムによる影響と考えられる健康被害のその他の実例

　今まで原因物質が不明であったが、最近はとみにトリチウム真犯人説が強まっている。簡単に紹介する。

⑴　上澤千尋氏（原子力資料情報室）によればカナダのピッカリング原発やブルース原発といったCANDU炉が集中立地する地域の周辺で、子供たちに遺伝障害、新生児死亡、小児白血病の増加が認められている。冷却に用いた重水に中性子が当たるとトリチウムが発生するためである（上澤千尋；「福島第一原発のトリチウム汚染水」『科学』2013年5月号，岩波書店、p 504）。

⑵　ロザリー・バーテル博士は1978年から1988年の間のピッカリング原発からのトリチウム放出量と周辺地域におけるそれ以降の先天欠損症、死産数、新生児死亡数との間に相関があることを指摘している。さらにダウン症、カナダの原子力労働者の高いがん発症、小児白血病の増加とトリチウムとの関連を明らかにしている。Rosalie Bertell, "Health Effects of Tritium" 2005

⑶　アメリカでは、原子炉閉鎖地域の半径80km以内に住む1歳以下の乳児死亡率を調べると、「原子炉閉鎖前に比べて閉鎖後2年の乳児死亡率は激減していた」。9カ所の原発の乳児死亡の平均減少率は17.3%　特にミシガン州ビッグロック・ポイント原発周辺では42.9%も減少した。Joseph J.Mangano, "Radiation and Public Health Project"

⑷　ジェイ・M・グールド博士やアーネスト・J・スターングラス博士ら

による乳がん死亡リスクの調査で、「1950年以来の公式資料を使って、100マイル（160km）以内に核施設がある郡と無い郡で、年齢調整乳がん死亡率を比較し、核施設がある郡で有意に乳がん死亡率が高い」という調査結果が出たのである。「乳がん死亡率の高いところの分布」は、「米国の核施設の分布」にほぼ一致する。Jay M. Gould著、肥田 舜太郎、齋藤 紀訳『低線量内部被曝の脅威』緑風出版（2011年）第7章、第8章、図1は217ページ。

(5) アメリカ・イリノイ州シカゴ近くの原発周辺で、子どもたちのがんや白血病が増えていたという内容が伝えられた。小児科医のジョセフ・ソウヤー氏の報告によれば、シカゴ近くのブレイドウッド原発とドレスデン原発の周辺では1997年から2006年の10年間に、白血病や脳腫瘍が、それ以前の10年間に比して1.3倍に増加し、小児がんは2倍に増えていたという。そしてその後、これらの原発が、2006年までに10年以上にわたり、数百万ガロン（1ガロン＝3.785リットル）のトリチウムを漏洩してきたという文書が当局により公開されたのである（Joseph R. Sauer, "Health Concerns and Data Around the Illinois Nuclear Power Plants"）。

表2 1998年〜2007年までの10年間の人口10万人あたりの白血病による死者数

	1998〜2002年の平均	2003〜2007年の平均
全国平均	5.4人	5.8人
佐賀県平均	8.3人	9.2人
唐津保健所管内	12.3人	15.7人
玄海町	30.8人	38.8人

出典：厚生労働省人口動態統計より
参照：広島市民の生存権を守るために伊方原発再稼働に反対する1万人委員会「なぜ広島から伊方原発運転差止めを提訴するのか　報告2　大量のトリチウムの放出とその危険」。

表3 「KiKK研究」における5km圏のオッズ比

	オッズ比	95%信頼区間下限値	症例数
全小児がん	1.61	1.26	77
全小児白血病	2.19	1.51	37

*ドイツ・連邦放射線防護庁の疫学調査報告「原子力発電所周辺の幼児がんについての疫学的研究」。原題は、Epidemiologische Studie zu Kinderkrebs in der Umgebung von Kernkraftwerken
出典：原子力資料情報室　澤井正子「原子力発電所周辺で小児白血病が高率に発症——ドイツ・連邦放射線防護庁の疫学調査報告」

(6)　2007年12月にドイツの環境省と連邦放射線防護庁が、「原発16基周辺の41市町の5歳以下の小児がん発症率の調査研究（KiKK研究）結果」を公表した*。その結果は「通常運転されている原子力発電所周辺5km圏内で小児白血病が高率に発症している」というものだった。

(7)　フランスでは、「フランス放射線防護原子力安全研究所（IRSN）の科学者研究チーム」が、2002年から2007年までの期間における小児血液疾患の国家記録をもとに、フランス国内の19カ所の原子力発電所の5km圏内に住む子どもたちの白血病発生率を調べた。結果は「原発から5km圏内に住む15歳以下の子どもたちは、白血病の発症率が1.9倍高く、5歳未満では2.2倍高い」というものだった。しかし、「原因は不明」とされている。（『ルモンド』2012年1月12日　（要約「フランスねこのニュースウオッチ」）

(8)　2002年3月26日、「イギリス・セラフィールド再処理工場の男性労働者の被曝とその子どもたちに白血病および悪性リンパ腫の発症率が高いことの間に強い関連性がある」という論文が『インターナショナル・ジャーナル・オブ・キャンサー』誌に掲載された*。この研究の結論は、「セラフィールド再処理工場のあるカンブリア地方の白血病および悪性リンパ腫の発症率に比べて、再処理労働者のうちシースケール村外に居住する労働者の子どもたちの発症リスクは2倍であり、さらに工場に近いシースケール村で1950〜1991年の間に産まれた7歳以下の子どもたちのリスクは15倍にも及ぶ」というものである。

　*H. O. Dickinson, L. Parker, "Leukaemia and non-Hodgkin's lymphoma in children of male Sellafield radiation workers", *International Journal of Cancer, vol.99,2002*: pp437-444

　原子力資料情報室通信339号　上澤千尋「セラフィールド再処理工場周辺の小児白血病リスクの増加　父親の放射線被曝の影響を再確認」（2002年8月30日）

(9)　糖尿病などの非がん性疾患にもトリチウムが関与している可能性が指摘されている。内科の臨床医児玉順一氏（埼玉県）によって、トリチウムと糖尿病の関連が指摘され、トリチウムが、がんや遺伝性の疾患ばかりでなく、非がん性の疾患にも関与する可能性が示された。児玉氏は六

ヶ所再処理工場からのトリチウムの排出で、青森県の糖尿病死亡率が日本一になってしまったこと（図4）、その前に約20年間も日本一を続けていた、徳島県と伊方原発の操業と2012年以降の停止との関係から、トリチウム汚染と糖尿病の増加の関係を論じている。（『放射能から生命と健康を守るお話』記録集 福島の子どもたちを放射能から守るプロジェクト＠あおもり発行）

図4　平成23年糖尿病率の年次推移（人口10万対）

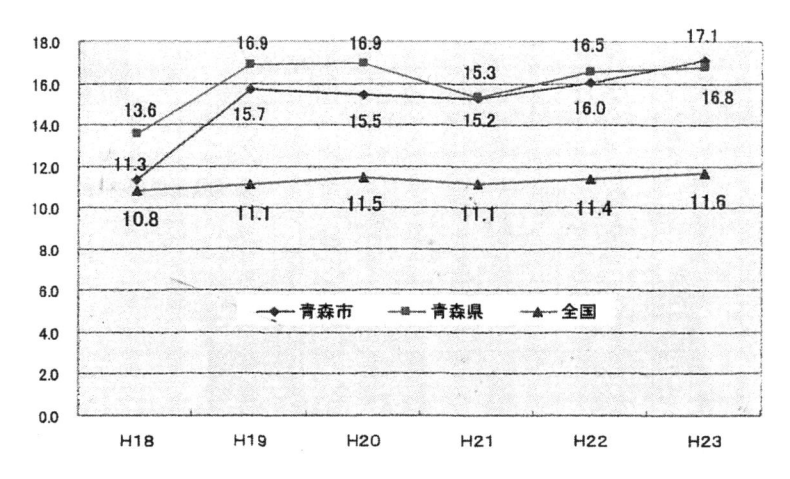

出典：児玉順一「放射能汚染から生命と健康をまもるために」青森市講演 2018 年 4 月 7 日

第5章
原発事故健康影響「全否定」論の新展開とその自滅的本質

渡辺悦司

　まずはじめに、放射線による被曝被害の評価をめぐって、いま、想像を絶する恐ろしい事態が起ころうとしていることを真正面から認識すべきである。

　日本政府と政府側専門家たちは、おしなべて福島原発事故による健康被害も遺伝的影響も「全くない」と主張してきた。安倍首相は、2013年9月7日、オリンピックの東京での開催が決まった際の記者会見で、福島原発事故について次のように発言した。「健康に関する問題は、今までも、現在も、これからも全くないということははっきりと申し上げておきたい」と。内閣府のホームページの日本語テキストには「汚染水について」という限定があるかのようにも読めるが、英語の発表ではこの限定はなく、発言の真意が事故全般について健康影響が「全くない」ということにあることは明らかである。このような主張を、被曝被害「全否定」論、あるいは「ゼロ」論、または「被曝安全神話」と呼ぶこととする。すべて同じ意味である。

　復興庁「風評払拭・リスクコミュニケーション強化戦略」（2017年12月）とそれに基づく同庁『放射線のホント』の発行（2018年3月）は、このような被曝被害全否定論のいっそうの露骨化・暴論化の画期となった。だが、これらはまだ「序の口」にすぎなかった。そして今、そこから次の、恐るべき危険な一歩が踏み出されようとしている。

1　原子力規制委員会：致死線量下限までの被曝受忍論

　日本政府や政府側専門家たちは、事故後、「100mSv以下の被曝では何の影響もない」ことを当然の前提のように唱えてきた。これは、全くの誤りであり虚偽の主張である。われわれが『放射線被曝の争点』（緑風出版、2016年）に

おいて検討したように、多くの疫学研究によって、100mSv以下の被曝でも影響があることが科学的に証明されている。最近のスイスやイギリスの調査では1mSvから小児の脳腫瘍や白血病の増加が確認されている。

　しかしこの政府見解からは、避難指示解除の基準である20mSv/y地域に5年以上住むと健康影響が「ある」という結論が出てくるはずである。政府は、5年以上住むのは危険やリスクが「ある」といわなければならないはずである。だが政府はこの点には沈黙している。すなわち、それは「信義誠実の原則」に反する不誠実きわまる主張なのである。だが、今や、これら100mSvも20mSv/yも、まだ「序の口」に過ぎなかったことがわかった。

　事故後、原子力規制委員会は、一般住民の年間1mSv/y基準に相当する被曝線量率を、8時間戸外で16時間屋内で生活することを前提に、家屋の遮蔽効率を0.4（6割が遮蔽されて4割しか届かない）と仮定して、空間線量率としては0.6をかけ、それに事故前の線量0.04μSvを加えて、0.23μSv/hと規定している（環境省「追加被ばく線量年間1ミリシーベルトの考え方」2011年10月10日）。これは、国連の国際原子力機関（IAEA）が核事故直後に放射性プルームが飛来した場合の一時的な「屋内避難」の場合に適用すべきとした木造屋内の遮蔽係数（0.4）を、長期にわたり恒常的に適用するという欺瞞である[1]。

　だが、原子力規制委員会は、さらにこれを「解釈」変更によって、現行の0.6の4分の1あるいは7分の1に引き下げることを検討している（「原子力規制委員会記者会見録」平成30（2018）年1月17日）。この通り実施されれば、影響が「ない」とされる閾値「100mSv」は、7倍では100×0.23×24×365×7でおよそ1400mSvに相当するレベルにまで引き上げられることになる。4倍ではおよそ800mSvである。つまり、規制委がターゲットとしているレベルは0.8〜1.4Svであり、中央値を取れば1.1Svである。つまり上記の「100mSv以下で

1　政府は早い時期に帰還基準である20mSv/yが空間線量率では3.8μSv/hに相当するとしていた（文科省「福島県内の学校の校舎・校庭等の利用判断における暫定的考え方について（通知）」2011年4月19日など）。IAEAの屋内避難時の係数の引用は、1980年6月の原子力安全委員会（当時）「屋内避難等の有効性について」からすでに行われていた。IAEAの係数は遮蔽効果の過大評価であり間違いであるが、日本政府がIAEAに依拠するのであれば、本来放射性プルーム（放射能雲）が来襲した際の「屋内避難」という短期間の対応策にだけ、しかもガンマ線に対してだけ、適用すべき係数であるはずである（正確には遮蔽係数0.4はプルームの「沈着後」のみ、来襲時は0.9で遮蔽効果は限定的とされている）。だが、日本政府はこれを、IAEAの定義にさえ違反して不当に永続化し、空間線量を少なく見せるための恒常的な手段として使っている。

は影響はない」という政府の言説は、事実上すなわち解釈上「1Sv以下の被曝は何の影響もない」というに等しいことにされようとしている。

　1Svという被曝量は、国際的に公認された放射線致死線量の下限値（10％未満致死線量1〜2Sv。γ線、β線では1Gy＝1Sv）に相当する（UNSCEAR1988年報告など）。このことは、日本政府傘下の研究機関である放射線医学総合研究所の文書（『低線量放射線と健康影響』）も公式に認めている（別表1、179ページ、以下表1に引用する）。

表1　政府・放射線医学総合研究所の文書による放射線による致死量

被曝線量	人体影響	死亡時間	典拠
>50Gy	中枢神経系症候群（致死率100％）	1〜48時間後	UNSCEAR1988年報告
>15Gy	神経系の損傷	5日以内	ICRP2007年勧告
10〜15Gy	胃腸症候群（致死率90〜100％）	2週間後	UNSCEAR1988年報告
5〜15Gy	胃腸管・肺・腎臓の損傷	60〜150日	ICRP2007年勧告
3〜5Gy	骨髄損傷（半数致死量）	30〜60日	ICRP2007年勧告
2〜10Gy	骨髄症候群（致死率0〜90％）	数週間後	UNSCEAR1988年報告
1〜2Gy	骨髄（致死率0〜10％）	数ヵ月後	UNSCEAR1988年報告

出典：放医研『低線量放射線と健康影響』179ページ、ICRP2007勧告126ページ

　避難解除の基準となっている20mSv/yは、現在の解釈（空間線量率で3.8μSv/h）でも実際にはおよそ33mSv/yであるが、もし7倍に解釈されるなら、233mSv/yとなり、避難解除区域に4年半居住すれば致死線量（10％未満）の下限値に、13年ほど居住すれば半数致死線量（3〜5Sv）の下限値に到達する。

　この規制庁の企図は、早野龍五東京大学教授らによる「福島県伊達市の住民の個人被ばく線量を分析した論文」に依拠している。だが、同論文に関しては、黒川真一氏をはじめ、「被ばく線量を過小評価する誤りや、研究への利用に同意していない人のデータが含まれていた問題」が明らかになっている。さらに、早野氏らの論文では線量を「3分の1に過小評価」していると早野氏自身が過ちを認めている。

　しかし、更田原子力規制委員会委員長は、「（早野論文の問題が）研究成果の信頼性を揺るがしてしまうのは大変遺憾なことだ」としながらも、「規制委

員会の活動や判断に直接影響を及ぼすものではない」として、1mSv解釈の改訂は予定通り進める方針を示唆している（共同通信2019年1月9日）。

　要するに、日本政府は、被曝の健康影響を「被曝致死線量までは何の影響もない」「被曝の急性症状で死亡に到らなければ何の影響（健康被害も遺伝的影響）もない」ということにしようとしているのである。政府側専門家たちは、放射線リスクや致死線量の情報を十分に知った上で、被曝線量の緩和を意図的にやっているのである。

　現在、過小評価された政府発表でさえ福島事故が放出した広島原爆の168.5発分・日本の陸土沈着分45発分の放射能（実際には大気中約600発・直接海水中を含めて約1000発分・陸土沈着160発分程度）の下で、いわば自国民に対する、ゆっくりした、しかし確実に進む、見えざる、また隠された「核戦争」が進行中であり、それによる「大量虐殺」が行われているのである。矢ヶ崎克馬氏が極めて的確に「知られざる核戦争」と名付けた事態である（第1部矢ヶ崎論文参照）。

2　日本政府による「予防原則」の全否定

　最大の危険は、福島事故による健康影響全否定論によって、日本政府と政府側専門家たち全体が、放射線防護における「予防原則」の原理や基本精神全体を全く無視あるいは否定してしまったことにある。現在の福島事故被害についても、想定される次の原発事故についても、さらには「使える核」による来たるべき核戦争の場合についても、そうである。

　放射線防護については、国連決議やEU条約など国際的に認められている「予防原則」によって「防護」側に立って対処するべきであると方向付けられている。最初から福島事故被害が（したがって同等の放出量すなわち広島原爆168.5発分程度の核戦争あるいは大気圏核実験による放射性降下物の被害）が「全くない」と決めつけてしまえば、広範な住民や子供を「放射線被曝から防護する」という基本的観点が全く欠落してしまい、住民とくに子供を「被曝させても影響がない」という方向性を、専門家の「科学」的権威の下に、欺瞞的にしかし露骨に権力的に主張することになるのである。

　被曝の健康被害についての日本学術会議報告『子供の放射線被ばくの影響

と今後の課題』(2017年9月) のキーワードは、「因果関係は判断できない」「確認されていない」「証明されていない」「証拠がない」「検証できない」「有意でない」等々であった。いま、仮にそうだと仮定しよう。その場合でも2つの選択が可能である。①予防原則に従って、「確認されていない」が「ある」可能性のあるリスクを回避し、被害を「予防」する方向で判断し、子供たちと将来の諸世代の健康のために可能なかぎり万全の防護策を講じるか、②「確認されていない」リスクは「ない」ものと勝手に判断し、「被曝しても影響はない」と評価して、子供たちと将来の諸世代の健康へのリスクの回避も防護手段も採る必要はないという方向をとるかである。これはまさに決定的な分岐点であったが、同報告は明らかに②を採った。

　2017年12月12日、政府・復興庁の『風評払拭・リスクコミュニケーション強化戦略』文書が出され、やり方はさらに露骨になった。「確認されていない」「結論が出ていない」というような「曖昧な表現」はかえって「不安を煽る」だけだから、「シンプルに」はっきりとないとだけ断言し、ない以外のすべての見解、すなわち影響が「ある」「あるかもしれない」「結論が出ていない」などという見解はすべて「風評」であると決めつけるようにという方針が、政府文書および大臣指示として、すべての関係省庁に対して指令された。強調点は、原発事故で被曝しても影響は「ない」のだから、影響は「ある」「あるかも知れない」「わからない」という議論はすべて「風評」すなわち「デマ」であると決めつけて攻撃の対象とする方向に強調点が移行した。

　健康被害ゼロ論には、元々、2つの要素——①上記に引用した安倍首相のような「確信犯的ゼロ断定論」と②「分からない」「確認できない」「証明できない」という「不可知論」——が混在していた。だが、復興庁文書以降、②を排して①で徹底することになった。②については、国際的に「予防原則」によって「防護」の方向で対処するべきであると方向付けられているからである。こうして政府が「ない」と主張すれば、「ない」というウソがホントになり、それ以外の見解は、人々の抱く感情や印象まで、すべてウソと決めつけられ、口にしてはならない禁句にされてしまった。「権力の主張が真実だ」ということにされてしまったのである。文科省は、『放射線副読本』を全国の小中高全校に配布し、すべての児童・生徒・学生をこの「被曝して

も被害はない」というウソをもって国家的権威によって洗脳しようとしている。戦前戦中の「天皇陛下のために死ぬ」という軍国主義教育が、「被曝して復興に貢献する」という形で復活しようとしている。

　福島原発事故放出放射能による被曝に関して、また放射線被曝一般に関して、政府・行政や政府側専門家が、住民に対する、とくに子供たちに対する、放射線防護の任務そのものを放棄し、意図的・組織的・行政的に住民や子供たち対して、致死量までの「被曝を強要してもよい」という恐るべき事態が生じようとしているのである。

3　線量「解釈」引き上げ──「使える核」による核戦争の準備

　ではなぜそのような暴挙を敢えてやろうとしているのだろうか？

　1つには、東京オリンピックまでに、表向きだけでも避難地域をゼロにしようという政治的意図がある。被害への賠償を何としても避けたい意図もあるであろう。

　また、大規模に原発の再稼働を進めていくなかで当然今後に想定されている次の福島級原発事故への準備でもある。すでに原子力規制委員会は、セシウム137ベースで100TBq（広島原爆1.1発分）を放出する原発事故を公式に想定している（「原子力災害事前対策の策定において参照すべき線量のめやすについて」2018年1月17日）。この程度の事故は起きることが想定されており、裏面から見れば、起こしてもよいことになっているのである。だが、事故がいったん生じればその程度の規模にとどまる保証は全くない。

　福島事故では、影響を考慮すべき被曝量が「100mSv」とされたとすれば、次に起こる事故では、それが実質でおよそ1Svにまで引き上げることができれば、事故対応や住民避難などの必要性は大幅に軽減できるというわけである。事実、規制委は、避難の基準を引き上げ、「1週間で100mSv」としたが、この100mSvは、実は（つまり係数操作によって）およそ1Svと解釈されている可能性がある。

　だが、その動きの背景や衝動力は、これらの理由だけにとどまらないと感じられる。それは、もっと深刻な事態、アメリカが準備し日本が協力しようとしている小型の「使える核兵器」を使った、来たるべき対中・対ロ・対途

上国（北朝鮮やイランを含む）の熱核戦争の準備に関連していると考えざるを得ない。

アメリカの核帝国主義としての覇権主義は露骨化し歯止めをなくし暴走しようとしている。トランプ米大統領は、現に中国との「貿易戦争」「経済戦争」を始めた。ロシアに対しては中距離核ミサイル（INF）全廃条約の一方的破棄を宣言した。中・短距離核ミサイルシステムの対中・対ロの前進配備を狙ってのことであることは疑いの余地がない。イランに対する、北朝鮮に対する軍事攻撃はいつ起こってもおかしくない情勢にある。

「小型核兵器」「使える核兵器」のための軍拡はアメリカだけではない。ロシア・中国もともに、アメリカおよび同盟国を標的とした新型核ミサイルの開発を続け実践配備を続けている。日本がこの面でアメリカへの協力を深めれば、中国・ロシア・北朝鮮からの対日核報復は当然想定される。そうなれば日本が、アメリカ本土を守るために、核攻撃の盾として犠牲に供される事態は避けがたい。

つまり、現在の日本政府の被曝被害全否定論は、客観的に見れば、実際に核戦争を行っても直接物理的に死ぬことがなければ放射性降下物（「死の灰」）による影響や被害は「全くない」という心理操作によって、人々を核戦争に向けて洗脳するための準備の一環ともなっていると考えざるをえないのである。それはまた、核戦争の際に、降り注ぐ「死の灰」への住民被曝を強要し、それを受忍させる準備でもあると考えざるをえない。要するに核戦争準備の不可欠の構成部分としか考えられない。もちろん、日本の独自核武装、独自の核実験への遠望が秘められていることも明らかであろう。

「使える核」のための核軍拡競争は、真っ先に「使える核」と「宇宙核戦争」の能力を獲得した国家（恐らくはアメリカ）による先制攻撃への衝動力を極度に異常に強める。中・短距離核ミサイルや爆撃機搭載核弾頭は、極めて短時間に（10分以内とされている）、つまり相手国に核兵器による対抗措置をとる時間的余裕をあたえることなしに、相手国の軍事システムと政治的中枢に壊滅的な破壊を与えることができる。すなわち、「先制」攻撃こそが勝利の決定的な要因になる。また、本格的核攻撃の到達直前に想定されている宇宙戦争——電磁パルス攻撃用核爆弾（高空で爆発させる）や偵察・情報通信・GPS用人工衛星攻撃など宇宙兵器の使用——は、相手国の電力・通信などインフ

ラの全体に、核ミサイルや核爆弾の着弾以前に、破局的な影響を与えること
ができる。こうしてアメリカが先行する形で現在進めている「包括的ミサイ
ル防衛システム」が成立すれば、極めて緊張した、この上なく不安定で危険
な情勢が作り出されることになる。

　全世界の人民の側の大衆的な運動や行動という対抗力がなければ、そのよ
うな最悪の場合に向かって事態が突き進むことを阻止する力はあまり残され
ていないことを理解しなければならない。

4　ICRP・UNSCEAR・BEIR などのリスクモデルは被曝影響が 「ある」と認めている

　元のテーマに戻ろう。重要な点は、ICRP、UNSCEAR、BEIR などの放射
線被曝リスク・モデルもまた、致死線量以下の被曝一般について、とりわけ
低線量被曝について、「がん」および「遺伝的影響」(「遺伝性影響」)のリスクを、
放射線被曝によるリスクとして認めているということである。被曝リスクは
世界共通のものである。それら機関のリスクモデルは基本的に被曝による健
康被害のリスクは「ある」という立場である。そして、このことは、日本政
府傘下の研究機関・放射線医学総合研究所の文書が公式に認めている（『低線
量放射線と健康影響 第2版』医療科学社、2012年、表2参照）。

　そこでは、10万人が0.1Gy（100mSv）を被曝した場合（すなわち集団線量1万人・
Sv）、がん（固形がんと血液がんの合計）による致死リスクを、最小でICRP2007
年勧告の最小426から最大でUNSCEAR2000年報告の1460と記載している。
つまり、同表によれば、リスク係数は1万人・Svの被曝あたり426 〜 1460件
の生涯期間における過剰がん死である。

　もちろん、これら諸機関のリスクモデルは、量的にも質的にも大きく過小
評価されたものである。ECRR（欧州放射線リスク委員会）は量的および質的
な過小評価を両方指摘しているが、とりわけ量的側面を強調している。それ
に加えて、われわれはとくに「質的」な過小評価の面を、すなわち放射線影
響の範囲を高線量の「確定的影響」と低線量のがんと遺伝性影響の「確率的
影響」として、極めて狭く限定している点を強調したい。

　だがここでは、これら国際機関が放射線被曝リスクの存在を世界に共通し

表2　種々の報告による 0.1Gy に被曝した場合の生還リスク *1

	対象集団	白血病	白血病以外のがん	DDREF*2
BEIR-V［1990］	米国人	95	700	考慮せず
ICRP Pub. 60［1991］	米国人、英国人、中国人、プエルトリコ人、日本人	50	450	2
EPA［1999］	米国人	56	520	2
UNSCEAR［2000］	米国人	60	780〜1400*3	考慮せず
BEIR-VII［2005］	米国人	61	510	1.5
ICRP Pub. 103［2007］	米国人、英国人、中国人、プエルトリコ人、日本人	28	398	2
UNSCEAR 2006［2008］	米国人	7〜52*3	455〜1010*3	考慮せず

＊1：全年齢の男女10万人の集団が0.1Gyに被ばくした場合の生涯過剰がん死亡数。
＊2：白血病以外のがんに対する線量・線量率効果係数。
＊3：複数のモデルが用いられており、モデルによって値は異なる。
出典：放医研『低線量放射線と健康影響 第2版』医療科学社（2012年）162ページ

て明確に認めているという事実が重要である。福島原発事故の健康被害が過去・現在・未来にわたって「全くない」という日本政府の見解が100％虚偽主張であり嘘でありデマであることは明らかなのである。

　前述の日本政府が想定している事態——日本の全人口およそ1億2600万人が「新解釈」の1mSv/y（0.23μSv/h）基準すなわち実際にはおよそ7〜12mSv/y（事故前のバックグラウンド線量を0.04μSv/hとして計算）を浴びる——を仮定して、この「解釈変更」において想定されていると思われる被害をおおよその概数だが検討してみよう。集団線量は88〜151万人・Svとなり、ICRPのリスク係数で計算すると、年間4万4000人〜7万6000人、50年間で220万人〜380万人の追加の死者数になる。

　これ自体大変な数字であるが、それだけではない。ジョン・ゴフマン氏に従えばICRPのリスク推計の過小評価率はおよそ8分の1、ECRRによれば2分の1から52分の1であるとされている2。とくにECRRが想定するようにこの追加の線量が、原発事故や核爆弾などに特徴的な、生物学的危険度の高

2　ジョン・W・ゴフマン『人間と放射能』（日本語版）275ページ、原著John W Gofman; Radiation and Human Health 1981、ECRR2010勧告（邦訳）270ページ。

い放射性核種や放射性微粒子とくに不溶性微粒子等の内部被曝によってもたらされると想定すると、年間230万人〜400万人、50年間では1億1400万人〜1億9800万人の犠牲者が予想される。つまり50年間で日本の現人口のほぼ全数が過剰に死亡することが予測される。しかもこれはがん死だけであり、ヤブロコフらにしたがえば、非がん死を含む致死全体をがん死の約2倍[3]と仮定すれば、「民族的ジェノサイド」はさらに確実になる。

　つまり、今後に想定されている福島の次やその次の次の原発事故、汚染地域への住民帰還、除染残土の全国拡散などにより、仮に原子力規制委や政府の想定する事態が生じたと仮定すると、大量の追加的な犠牲者が自国の政府によって現実に想定されているのである。それは実際には日本民族の衰微、最悪の場合文字通りの自殺行為、全滅となる危険がある。文字通り日本は自滅の道を進むのである。

5　住民帰還政策のICRPモデルによる分析：住民の「大量殺戮」

　住民の帰還政策についても、日本政府の政策がいかに危険で「大量殺戮」に等しいものであるかを具体的に例証しよう。

　すでに引用したように、日本政府・放医研は10万人が100mSv被曝する場合のリスクを426〜1460件の過剰致死と明記しているのである。

　日本政府は、20mSv/y以下の地域への住民の帰還と居住を進める方針である。つまり、避難解除地域に5年間居住すれば、帰還した住民は、政府自身が、被曝影響が「ある」とする100mSv（上記の0.1Gy）の被曝をすることになる。20mSv/y地域に帰還する住民の数をおよそ10万人と仮定しよう。これはそれほど現実からかけ離れた仮定ではない。これで上記の放医研の表2通り10万人が100mSvを被曝する例と一致する。

　そうすると、5年間の被曝に対して、426人〜1460人の追加的な（過剰な）がん死が生涯期間（50年間）を通じて生じることになる。50年間では減衰を考慮してこの6倍（10倍ではなく）、約2560人〜8760人の犠牲が出る想定になる。これは、ゴフマン氏やECRRによれば8〜52分の1の過小評価であり、

3　ヤブロコフほか『チェルノブイリ被害の全貌』岩波書店（2013年）178ページ

帰還した住民全員の過剰な致死すなわち「ジェノサイド」の危険が十分に予想される。

　だが、ここで問題にしたいのは、過小評価かどうかではない。政府研究機関の評価によっても、20mSv/yの地域に多くの住民を帰還させれば、住民の「大量殺戮」が生じることは「十分に」予測されているということである。しかも、放射線感受性がICRPによっても平均の2～3倍高いとされる子どもたちに、平均以上の被害が集中することも「分かっている」はずである。政府側の未必の故意による殺意が認定されてもやむを得ないということなのである。

6　ICRP・UNSCEARは人間の遺伝性影響を認めている

　国際放射線防護委員会（ICRP）2007年勧告は、放射線の遺伝性影響の存在を「明確に」（これは同勧告自体の言葉）認めている点で日本政府の見解とは根本的に異なっている。同勧告は、遺伝性のリスクを1万人・Svあたり20例、うち致死性を16例、非致死性（つまり生児出産）を4例と推計し明記している（143ページ、表としては139ページなど、またこれは線量・線量率係数DDREF＝2の下でのことなので、明らかに低線量に関する評価である）。だが、政府はこの点を無視している。

　さらに、UNSCEARやICRPは、遺伝性影響について、倍加線量（DD）という基本概念を提起しているが、政府はこれも無視している。これら国際機関によれば、倍加線量は1Gyと推計され（UNSCEAR推計の中央値は0.82Gy）、この量の被曝により、自然的に発生する突然変異発生率と同率の（あるいは100万人あたりで自然発生数と同数の）突然変異が誘発されると考えられている（UNSCEAR前掲書101ページ、ICRP175ページ）。100mSvであれば（つまり20mSv/yの地域に5年間住めば）、倍加線量の10分の1、すなわち自然発生率の1割である。

　このように、UNSCEARなどの国際機関の評価によれば、遺伝性影響のリスクは決して「ゼロではない」。かなりの数である。政府が試みている「ヒトでは遺伝性影響がない」「（福島事故では）胎児影響はないことが証明されている」という議論の方向付けは、明らかに、政府が「科学的根拠」と称する

国際機関の見解にさえ真っ向から反する、明確な嘘であるといわざるをえない。

7　UNSCEARによる遺伝的影響の過小評価と線形応答という誤謬

もちろん、これら国際機関のリスクモデルには大きな過小評価がある。欧州放射線リスク委員会（ECRR）によれば、過小評価は遺伝性影響の分野ではとくに大きく、2000分の1から700分の1程度の過小評価があるとされる（『ECRR2010年勧告』邦訳221ページ）。

また、政府が無視している問題として、放射線被曝による精子・卵子への影響とくに精子数の低下、受胎数・妊娠数の減少、流産・死産の増加、それらの結果としての出生数の低下などの被曝影響がある。

だが、今は遺伝性影響が「ある」か「ない」かが問題であり、これらの点の詳しい検討は置いておく。山田耕作氏との共著から以下の点だけを再録しておこう。

　　この点で インゲ・シュミット＝フォイエルハーケ氏らの論文[4]が注目される。彼らは低線量放射線被曝の遺伝的影響の文献をしらべた結果、広島・長崎の原爆被爆者を調べたABCCの遺伝的影響の調査は信頼性がないと結論している。その理由として、線量応答が線形であるという仮定自体が間違っていること、内部被曝の取り扱いの誤りなど 4点を指摘している。そしてチェルノブイリの被曝データから新しい先天性奇形に対する過剰相対リスク（ERR）はおおまかにはすべての先天異常を含めて積算線量 10mSv につき過剰相対リスクが 1という結論である。積算10mSv で先天異常が2倍になるというのは大変なことである。

　　同氏らは、10mSv以上の被曝では、胚が死んでしまう結果、遺伝的影響のある出生が減少するので、遺伝的影響リスクが減少するという現象が観測され、それによって線型モデルを前提にする限り遺伝性影響が「ない」という誤った結論がもたらされると指摘しているのである。

4　Inge Schmitz-Feuerhake, Christopher Busby, Sebastian Pflugbeil, Genetic radiation risks:a neglected topic in the low dose debate. Environmental Health and Toxiology, vol.31,Article ID e2016001

8　被曝安全神話により何が起こっているか？

　政府が被曝被害が「ない」といくら強調しても、人々が被曝被害と思わざるをえない現象は次々に現れてくる。だから、被曝の安全性をアピールするために、子供や若い夫婦から始まって、天皇も、首相も、政治家も、著名人も、有名スポーツ選手も、有名歌手や有名タレントも、有名ニュースキャスター等々も、次々と被曝リスクの高いイベントに参加させるキャンペーンが次々と組織され、マスコミで大々的に宣伝されている。

　思い出してみよう。平成天皇・皇后は、福島県川内村の除染現場を視察したが、その際の報道は以下のようなものであった（2012年10月13日の報道）。「除染をする作業員たちはマスクを装着し、防護服を着ていたが、両陛下は『付近の放射能レベルは問題はない』というご意向を示され、防護服やマスクを着用されることはなかった。まさに並々ならぬ決意で臨まれたご視察だった」（『週刊女性セブン』2012年11月1日号）。

　最近では、安倍首相でさえもこの被曝リスクイベントの参加者に駆り出されている。「事故原発視察　マスクもせずスーツのまま」というニュース報道には、向かいに爆発した3号機が見え、事故8週年時のNHKニュース解説の報道から見てもおそらく100μSv/h超の線量はあったであろうと思われる（テレ朝ニュース・オンライン2019年4月14日）。首相も放射性微粒子を浴び、吸い込んだと思われる。

　これが「国際原子力マフィア」と言われるグループによる一国の元首や首相に対する扱い方なのである。

　だが、事故後8年も経つと、これらの被曝イベントに参加した人々の中で、被曝関連が疑われる健康の悪化が次々と起こるのは必然である。マスコミでは、それがあたかも「当たり前の現実」であるかに宣伝されている。その典型的な事例は、皮肉なことに、復興・環境関連の閣僚等である（被害の詳細は、第3部で取り上げる）。復興・環境関係の元閣僚等が最近相次いで相対的に若くして死去している。2017年以降に死去した復興・環境関係の元閣僚等は以下の通りである。

　・愛媛県（3区）選出の白石徹元環境大臣政務官、2017年3月17日、悪性

リンパ腫により60歳で。

・新潟県（5区）選出の長島忠美氏（元復興大臣政務官・復興副大臣）同年8月18日、多臓器不全（脳卒中）により66歳で。

・再処理工場（実験稼働）がある青森県（旧4区）選出の木村太郎氏、同年7月25日、膵臓がんにより52歳で。

・松本龍元環境相・復興相が18年7月21日肺がんにより67歳で。

・大阪12区選出の北川知克元環境副大臣が18年12月26日、腹膜炎により67歳で（2015年ごろからがんを患っていたといわれている）。

もちろん個別の事例の被曝関連を証明することは不可能である。だが、ここまで重なると、単なる「偶然」と言えるだろうか？

被曝被害「ゼロ」論の論理の必然的帰結は、結局以下のようになる——その虚構を人々に信じ込ませるために、可能なかぎり著名で社会的地位の高い人々を、可能なかぎり多くの人々を、日本だけでなく世界の人々を、可能なかぎり大きな被曝リスクに曝すことを必要とする。この典型的事例が東京オリンピックなのである。つまり、被爆被害「ゼロ」論は自殺的あるいは自滅的な本質をもっているのである。

第6章
政府の「被害なし」主張の根拠
＝国連科学委員会 (UNSCEAR) 報告は信用できない

藤岡　毅

　東電福島第一原発事故による放射能汚染の深刻な現実をごまかし、除染と8年の歳月によって汚染地帯はもはや危険でないかのような宣伝を続けている日本政府が最大限利用してきたのが、原子放射線の影響に関する国連科学委員会（UNSCEAR）の報告である。事故直後、首相官邸に作られた原子力災害専門家グループのリーダー、長瀧重信長崎大学名誉教授（故人）は、「科学的事実で国際的な合意を得られたものを発表する機関がUNSCEAR」であり、「疫学的には、100mSv以下の放射線の影響は認められない」というUNSCEARの報告は「科学的事実＝＜サイエンス＞」だと主張した。また、2011年秋、野田政権によって組織された「低線量被ばくのリスク管理に関するワーキンググループ」の報告書は、「100ミリシーベルト以下の被ばく線量では、他の要因による発がんの影響によって隠れてしまうほど小さいため、放射線による発がんリスクの明らかな増加を証明することは難しい」とし、現行法では一般公衆の被曝限度1mSv/年であるにもかかわらず、避難解除の基準を年20mSvにすることを正当化した。ここでも「国際合意の科学的知見」としてUNSCEARの見解に依拠した。

　2013年9月、IOC総会において安倍首相は、原発事故による汚染水は「アンダー・コントロール」にあると虚偽の発言を世界に発信し、オリンピックの東京招致が決定された。翌10月に安倍内閣は復興庁の「基本方針」を閣議決定し、原発災害による避難者の生活支援より「復興」という名の被災地の開発に力点を移し、早期帰還政策に舵をとった。2020年開催予定の東京オリンピックは「震災復興」のシンボルとされ、同年12月、原子力対策本部の「原子力災害から福島復興の加速に向けて」が打ち出され、避難指示の解除、避難者支援打ち切りという流れが加速された。

こうした政策は、被災地の放射線リスクは高くないと住民に信じ込ませる宣伝活動と不可分である。政府（内閣府、復興庁を中心に10省庁）が56名の専門家の助言に基づき作成したパンフレット『放射線のリスクに関する基礎的情報』（初版2014年2月）には100mSv以下の線量による健康影響は無視できるかのような主張が展開され、避難解除を画策する地区の住民にばらまかれた。パンフレットには自分たちの見解を権威づけるために、UNSCEARの2013年活動報告が引用され、「将来にも被ばくによる健康影響の増加が認められる見込みはない」とした。一方で、福島県県民健康調査で小児甲状腺がんの多発が明らかになり、原発事故による被ばくが原因ではないかとの疑念が生じた。しかし、UNSCEAR2013年報告書が公開されると早速『基礎的情報』の改訂版が出され、福島県での甲状腺の被ばく線量はチェルノブイリと比較して小さいので「実際に甲状腺がんが大幅に増加する事態が起きる可能性は無視することはできる」との記述が引用された。

　汚染地域から全国に避難した人々が東電と政府を相手に賠償を求めて提訴した裁判において放射線リスクが高いことを主張する原告側証人への被告側反論の中でも、「放射線影響科学領域ではUNSCEARで評価され、報告書に引用されることが定説として定着することへの一つ過程である」とまで述べられ[1]、UNSCEAR報告に依拠して放射線リスクが高いことが否定された。

　このように政府やその政策を支える専門家たちはUNSCEAR報告を「国際的で科学的な知見」とたたえるが、福島原発事故の影響を評価したUNSCEAR2013年報告書作成には日本政府（外務省）の資金（約7000万円）が投じられていること、2017年度の報告書改訂版作成にも新たに約7000万円の資金が拠出されていることを忘れてはならない[1]。さらに、福島報告書が作成された2013年度のUNSCEARにおける報告者は日本政府代表（米倉義晴放医研理事長）であり、2014年度の副議長、2015〜2016年度の議長は全て日本代表であった。UNSCEAR報告の基礎データの大部分は放医研など日本の研究機関が提供したものである。UNSCEARが利用したデータも報告者も議長も資金など多くを日本に依拠する中で、日本政府が「国際的科学的知見」といくら強調しても世界がそれを受け入れているわけではない。例えば、

1　吉田由布子「チェルノブイリ原発事故後の甲状腺がんとUNSCEAR」『科学』第88巻・第9号（2018年9月号）岩波書店 2018年、915〜923ページ、922ページ

「UNSCEAR2013は過小評価だ」とUNSCEAR内部でも論争があったと同時に、IPPNW（核戦争防止国際医師会議）の独仏米など19カ国の医師団体は、共同でUNSCEAR2013の批判的分析を行った報告書さえ出している[2]。

　そもそも、UNSCEARの見解を放射線健康影響の科学そのものと同一視するのは事実の歪曲である。UNSCEARはそれ自身の統治原理（Governing Principles）の中で、「委員会の科学的評価の主題は、場合によっては、議論の余地があり……政治的に課された問題の論争的な議論と密接に関連している」と書いているように、ピア・レヴューに支えられた学術組織ではない。ましてや他の国際学会などの学術組織の上に立つ科学上の権威を持つものでもない。UNSCEARが原子力発電推進のIAEAやICRPと密接に関係があり、人的にも重複していることは公然の事実である。元WHO放射線・公衆衛生顧問キース・ベーヴァーストック（Keith Baverstock）が2014年11月に来日し、日本外国人特派員協会で行った記者会見でのスピーチは、UNSCEARの内情をよく知る専門家の貴重な証言である[3]。

　　「委員のほとんどは、経済的重要性の高い原子力推進プログラムを持つ各国政府の指名制であり、これらの政府はまた、UNSCEARに資金も提供している。…… 放射線リスク評価の分野での経験が長い自分のような人間にとって注目すべきことは、原子力産業ロビーに批判的な声をあげてきた研究者で、UNSCEAR報告書の作成に関与している人がほとんどいない、ということである。…… 私は、UNSCEAR報告書が、科学的根拠にもとづいたリスク評価の基本的条件を満たしていないと結論づける。すなわち、UNSCEAR福島報告書は、時宜にかなっておらず、透明性に欠け、包括的でなく、利権から独立しておらず、したがって、『科学的』と呼ばれるに値しない」

　また、ベーヴァーストックは、UNSCEARが「福島での被ばくによるがん

2　川崎陽子「放射線被ばくの知見を生かすために国際機関依存症から脱却を――小児甲状腺がん多発の例から考える」『科学』第88巻・第2号（2018年2月号）、岩波書店、2018年、194 – 201、p.195。

3　元WHO放射線・公衆衛生顧問キース・ベーヴァーストック博士の2014年11月20日、日本外国特派員協会での記者会見資料 http://csrp.jp/posts/1898、2019.04.27.14:33 閲覧／キース・ベーヴァーストック「福島原発事故に関する『UNSCEAR 2013年報告書』に対する批判的検証」『科学』第84巻・第11号（2014年11月号）、岩波書店、2014年、1175〜1184。

の増加は予想されない——国連報告書」というヘッドラインをつけて、プレス・リリースしたことを批判し、次のように述べた。

　「UNSCEARは、事故後1年目の日本国内の公衆集団線量を18,000人・Svと推定しているが、これから予測されるのは、2,500から3,000症例のがんの過剰発生である。放射線被ばくによるリスクの最良の知見に基づくと、これらは、『予想されない』がんではなく、『予期される』がんである。これらのがんは、特定個人で同定されることはないかもしれない。しかし、確かに発生するであろう。科学的団体が自らの知見をこのような形で偽って伝えるのは、許し難い」。

　元WHOの放射線専門官が「このような形で偽って伝えるのは、許しがたい」と批判する虚偽の見解を日本政府は強調し、使い回し、宣伝しているのである。

　UNSCEARの見解が「国際合意の科学的知見」だと主張する政府の見解への反論の例をもう1つあげよう。県民健康調査の1巡目（先行調査）を対象に疫学の手法で分析し小児甲状腺がんの多発を示した津田敏秀らの*Epidemiology*誌掲載の論文は、放射線による小児甲状腺がんの多発を認めたくない専門家たちに拒絶反応を引き起こし、*Epidemiology*誌が設けたステージに幾つかの批判レターが送られた。津田らはそれらの批判レター全てに答えて反論した。しかし、UNSCEAR2016年白書は津田らの反論は無視して、批判レターのみを取り上げて「このような弱点と不一致があるため、本委員会は、Tsuda et al. による調査が2013年報告書の知見に対する重大な異議であるとは見なしていない」と結論づけた。まともな学術論争ではありえない不公正な取り扱いに驚いた山内知也は「議論の枠組み自体が常軌を逸しており、これは専門性や科学性、真実性以前の問題である。学術誌*Epidemiology*において行なわれた専門家による議論という科学的な営みを侮辱する行為である」と述べ、UNSCEAR2016年白書を批判した[4]。

　最後になぜ国連の機関であるUNSCEARが原子力を推進する国の立場に立っているのかについて若干の歴史を振り返りたい。1954年3月、米国が行ったビキニ岩礁での水爆実験を契機に放射性降下物（フォールアウト）の健康影

4　山内知也「小児甲状腺がんについてUNSCEAR2016年白書が言及しないこと——非科学的な枠組みを問う」『科学』第88巻・第9号（2018年9月号）、岩波書店、2018年、906 - 914、p.907.

響をめぐり、被ばくの影響は無視できるとする米国原子力委員会側とLNT仮説（しきい値なし直線仮説）を根拠に影響は無視できず核実験の停止を主張した遺伝学者ら科学者側とが対立しこう着状態となった。1955年3月、米国連邦科学者連盟（FAS）はこのような状態の打破をめざし米英ソの科学者からなる国連内の委員会の設立を提案した。当初、英米両政府はFASの提案を拒否した。しかし、ラッセル・アインシュタイン宣言を始め核実験禁止と核兵器の廃絶を求める国際世論が沸き立つ中、孤立を深める米国は米国自身がスポンサーになって国連に科学委員会を設け、国連加盟国に提出された科学データと出版物を米国の管理下に置くやり方に転換した[5]。核実験に反対する科学者や国際世論がソ連と戦略的につながり始めた状況に米国は危機感を持ち、反共主義者と反米感情・反核感情を抑え込もうとした「冷戦リベラリズム」の思惑の一致がUNSCEAR発足の引き金となったことが最新の研究からも明らかにされている[6]。UNSCEAR設立のFASの原案では、国連事務総長が指名委員会の勧告を受けて科学者を任命するので、委員会の科学者達にある程度の自治を与えることになっていた。しかし、英米政府は科学者の直接的な影響力の拡大を恐れ、政府が科学者の審議に直接かつ強力な影響力を行使できるように、各加盟国政府が専門家を公式の代表に選ぶ方式が採用された。これが今日、UNSCEARの報告が当該分野の専門家の自由な科学的議論に基づくのではなく、原子力を推進する各国政府の意向を反映したものになっていることの歴史的経緯である。

5　Toshihiro Higuchi, "Epistemic frictions: radioactive fallout,health risk assessments, and the Eisenhower administration's nuclear-test ban policy,1954-1958," *International Relations of the Asia-Pacific, Volume 18*, *Issue 1*,1 January 2018,pp. 99-124.

6　髙橋博子「UNSCEARの源流：米ソ冷戦と米原子力委員会」『科学』第88巻・第9号（2018年9月号）、岩波書店、2018年、924 − 930、p.926。

第7章
被災地の苦悩と
「黒い物質」「環境循環」について

大山弘一

　群発地震が続いた2011年3月3日に、前月までにまとまった調査内容を慌てて文科省が東日本に原発を持つ東電、東北電力、動燃の3社だけを集め、情報提供していたことを知った。後に、福一事故原発視察の折、東電職員から、「直前に避難訓練をしていたので地震と津波では従業員は1人も犠牲がなかった」旨、聴取した。8日にも招集され避難訓練などの報告などをしていた。大地震の3日前か8日前に東日本の沿岸市町村に国民ファーストで情報が入っていれば、1万5000人を超す津波被害者は出さずに済んだのである。

　その後の原発事故で、さらに不信感が募った。原発事故時のスピーディー（SPEEDI：緊急時迅速放射能影響予測ネットワークシステム）情報を国も県も出さず、避難誘導もなく、放射能雲とともに車中で吸い込みながらわれわれは移動させられた。

　安定ヨウ素剤を20km圏外は服用させられず、甲状腺の被ばく計測をしない決定の下、「被ばく量が少ない」などとご都合主義。

　国民の命を軽視する対応の象徴が、福島県知事の要請を受け首相命令で自衛隊機で長崎から連れてきた山下俊一氏の言動だ。

　「笑っていれば放射能が来ないことは動物実験で明らかだ。100ミリシーベルトまで大丈夫」などと、放射線影響は確率論なのに、これ以下なら一律、健康に影響はないとの「閾値」を、都合に合わせ高く設定し、被災地講演で言って回った（広島長崎で原爆症を長年研究してきた放射線影響研究所は「閾値なし」を主張している）。その氏が福島医大副学長になり、原発推進の経産省の原発予算を使った「福島県民健康調査」で秘密会議をしていた。先行検査で同一基準、同一機器で調べれば調べるほどうなぎ登りに小児甲状腺がんが発見され、2年足らずのうちに10万人に1人から35人にまで増加。その後の

２巡目検査では先行検査で問題ないとされたＡ判定の子ども65人がわずか２年程度でがんまたは疑いと判定された。

　問題は、１～３回の検査を通じ、所見のある「要経過観察者」とされた約3,000人が一般診療に回され、当該調査では追跡調査しない仕組みで発症者の全数把握をせず、小児甲状腺がんの通常の発生率すら把握できないという、お粗末な2000億円の国家プロジェクトについて会計検査院も国会議員も指摘しないことである。発症者は少なくとも現在、当時の小児だけで250人を超えていると見込まれる。報道も追及しない現実がある。

　チェルノブイリ事故後ドイツで、多発する小児甲状腺がんが放射線起因かどうか「7q11ゲノム解析」で分かることが発見され、事故年の2011年６月以降、米学士院の会報で世界の医学者に伝わり、東大教授も「決定論的に原発事故の影響がわかる」と国会議員の番組や記者会見まで開いて公表していた[1]が、この情報も封印され、「放射能因果関係」は藪の中へ。

　聖火ランナーを走らせオリンピック競技をする福島県の除染されない阿武隈山地は、事実上、「広大な野放し最終処分場」であるが、この事実認識を避け、住民の帰還とオリンピック報道で「放射性物質の挙動」が封印されている。

　南相馬市の面積の内、半分が阿武隈山地他、除染を断念した山林で、残りの４割が放射性物質を混ぜ込んだ農地、市全体面積の１割の住宅除染は建物を除く庭の表土剥ぎと、洗浄によって建物や舗装部分にしみ込んだ放射能の半減が除染の成果であった。

　南相馬市の阿武隈山地に隣接する西部地区において平成29年に私が調査した家屋１軒あたりの残存汚染は、概略（床面積や階層、素材等で異なる）で、屋根材がセメント瓦の場合は全体にしみ込んでおり最大数百万ベクレル、和瓦では高圧洗浄除染により、瓦の重なり部分に汚染が浸透して屋根全体で数十万ベクレルあった。天井裏は換気口から汚染が侵入し手つかずの保存状態にあり、数十万ベクレル。床下も同様であった。室内については棚の上など採取できる埃から数十万ベクレルと推計される。１軒当たり建物全体では、数百万ベクレル超の放射性物質が残存していることが解った。だが、環境省

1　「田中康夫のニッポンサイコー」

や原子力賠償審査会などはこの事実を教えても「年20ミリまでは健康影響がない」などと取りあわない。

　平成15年の建築基準法改正によりホルムアルデヒド対策で1室につき1つの換気システムが義務付けられ、2時間で外気と入れ替わる性能があるので、「屋内退避指示」など意味がなく、住民は避難させられず吸引被ばくを強いられたことになる。だが、全国の原発立地地区の避難計画などにこの「換気システム」対応は私の知る限り反映されていない。

　「外部被ばくと空間線量」に限定した放射線防護対策と賠償補償は、真実を隠している。

　「NHK・ETV特集－シリーズ　チェルノブイリ原発事故・汚染地帯からの報告 第2回　ウクライナは訴える」（2012年9月23日）で、事故25年後、新しく生まれてきた子供たちの気管支や循環器などを中心に、徴兵制が成り立たないような健康被害が出ているとの報道がなされ、居ても立っても堪らず、東北大学で視察班を作ってもらい番組制作ディレクターも招来して現地視察をした。コロステン市やルグ二ー地区などは、南相馬市街地と同程度の汚染で阿武隈山地の浪江町赤宇木など高濃度汚染地区に近い市内西部地区よりはるかに低い汚染レベルの地区であった。だが、「医療や科学が遅れておりメカニズムの解明には至らないが経験上、事故後、あらゆる病気が増え住民の寿命が10年減った」との病院医師たちの証言を得た。視察した学校なども番組の内容を裏付けるものであった。

　事故原発や首都キエフ他比較的広範囲に移動し空間線量を測定してみたが、事故後25年を過ぎており、居住地は日本の事故前の線量0.05〜0.15μSv/h程度であり、高い場所は石造建築の天然放射線だった。この自然環境レベルで外部被ばくが子供の健康被害をもたらしていることは考えにくく、食べ物の経口被ばくについても、水溶性の原子の形で自然界にとどまり、動植物を経て人間が吸収するには「水溶性の必要」があり、市場では基準値を超える汚染は10年以上見つかっていないらしく時間的減衰が著しいようであった。しかし、自家採取のキノコ類は地中に広大な面積に広がった菌糸から長く水溶性セシウムを吸収しているようだった。

　昨年平成30年12月11日、子ども脱被ばく裁判第17回口頭弁論の原告準備書面で、道路わきの汚染土の放射性セシウムの98%以上が天然鉱物粒子に固

着して水溶性ではなくなっていることが調査で解ってきており[2]、健康リスクはこれら不溶性放射性粒子の舞い上がり吸引に移行してきているといえるのではないか。

　福島第一原発事故後、数カ月たった頃、一般人の間でも線量計が行き渡りはじめ、それまでの行政等による地上1mの空間線量計測の5倍程度に地表面が高濃度に汚染されている実態がわかってきた。やがて歩道や駐車場など生活圏の広い範囲で、時間とともに部分的にまだら状に線量の違いが表れ始めた。

　雨水の流れによる水たまりなどで堆積が進み「黒い物体」とも「黒い物質」とも呼ばれる黒色の粉塵が顕在化してきた。「テレビ朝日報道ステーション」の取材の過程で「藍藻類の集合」を確認し、葉緑素を持ち微細なため黒く見え、放射性降下物、「物質」そのものの色ではないことが解った。堆積物の中には水溶性のセシウムを取り込んだ藍藻類以外の不溶性放射性物質が混在している可能性があった。独自に関東や、北陸、広島まで藍藻等の堆積の放射性濃度を調査し、低いもので1kg当たり数ベクレル、高いもので数千万から数億ベクレルまでセシウムの堆積を確認した。

　各研究チームの現地調査ガイドも務め、原発からの距離に放射能濃度が比例することや、ウランやプルトニウムなどα線核種も高濃度な藍藻堆積物とともに水たまりから発見した[3]。

　今後、事故原発がもたらしたものや後発的に天然粒子に固着した「不溶性放射性粒子」が、被災者の吸引による肺や身体的影響が解明される研究がなされることを強く願う。

　冬に道路や屋根、塀などの表面が凍結し、藍藻類の遺骸が凍って付着物から外れ3月頃に水たまりに堆積が見られる。事故後8年たった今でも被災地では生物濃縮が続いており、わが家のコンクリート土間では最大40万Bq/kg濃度の表出があり、現行法において、生活の場にあってはならない「放射性同位元素（1万Bq/kg～）」「指定廃棄物（8,000Bq/kg～）」である。環境省は、居

2　子ども脱被ばく裁判弁護団「第17回口頭弁論期日報告2018年12月11日」
3　Spatial pattern of plutonium and radiocaesium contamination released during the Fukushima Daiichi nuclear power plant disaster（ブリストル大学他「福島第一原発事故において放出されたプルトニウムと放射性セシウムの空間分布」）Nature Scientific Reports*（公開日2018年11月14日）

写真　どこにでも見つかる「黒い物体」、35万Bq/kgの放射能量があった。

　住者が測定証明書を用意し、管理保管したものについては数カ月後に撤去しているが、手続きが煩雑で費用や手間がかかり、補償が切られ帰還した家庭では顧みられず、行政も注意喚起どころかその「存在」さえ認めていない。

　「不溶性放射性粒子」の危険性については、NHKクローズアップ現代2017年6月6日「原発事故から6年　未知の放射性粒子に迫る」で局所的に沈着した場合に数千倍の被ばくの可能性があるとの指摘がされた

　にもかかわらず、政府は黙殺を続け、各地方行政に送り込んだ御用学者で作る内部審議会で取り上げられることはない。「黒い物体」は、日常生活で車によって擦り潰され、巻き上げられ、空中浮遊している。市街地や各家屋において、壁や電柱、屋根やテラス、道路には残存して、半減期30年のセシウム137を今後も環境循環の中で長期にわたって吸入する生活が続き、ウクライナと同じ道を歩むのではないかと危惧される。

第8章
首都圏の水道水中のセシウム汚染を測定

鈴木優彰　下澤陽子

1　ゼオライト浄水器で首都圏の水道水中のセシウム汚染を測定
鈴木優彰

　水道水は最も重要なライフライン。水道水中のセシウム汚染を知ることは大変重要である。セシウムを選択的に吸着する人工ゼオライトを採用したシャワー浄水器を使用し、流量メーターを設置して通水させたカートリッジの中身を取り出し定期的に継続して測定を行っている。

　カートリッジ内部は2つの部屋に別れており、人工ゼオライト約50g、天然ゼオライト約50g＋活性炭約30gと別々に測定している。放射能測定器のiFKR-ZIP-Aの基本検体量は320gのため、重量換算し参考値で表示している。

（1）　東京都葛飾区の水道水をカートリッジに吸着したセシウム値（通水量は40,000L）
　　A.使用期間：2018.2.7 ～ 2018.5.18日　セシウム値（Cs-134 ＋ Cs-137）
　　　人工ゼオライト：286.08Bq/kg　天然ゼオライト＋活性炭：81.6Bq/kg
　　B.使用期間：2018.5.18 ～ 2018.9.16日　セシウム値（Cs-134 ＋ Cs-137）
　　　人工ゼオライト：475.52Bq/kg　天然ゼオライト＋活性炭：264Bq/kg

（2）　千葉県千葉市の水道水をカートリッジに吸着したセシウム値
　　A. 2018年4月27日測定（通水量32,487L）セシウム値（Cs-134 ＋ Cs-137）
　　　人工ゼオライト：503.04Bq/kg　天然ゼオライト＋活性炭：165.68Bq/kg
　　B.使用期間　2018年4月16日 ～ 2018年9月16日（通水量34,618L）セシ

図1　東京都葛飾区　カートリッジが吸収したセシウム総量

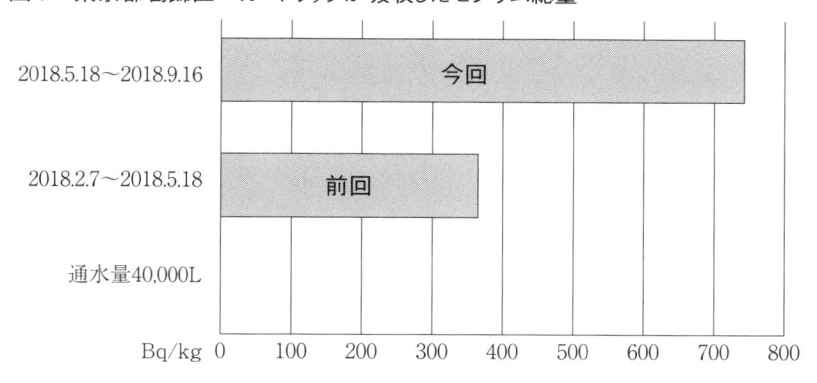

図2　千葉県千葉市　カートリッジが吸収したセシウム総量（Cs-134＋Cs-137）

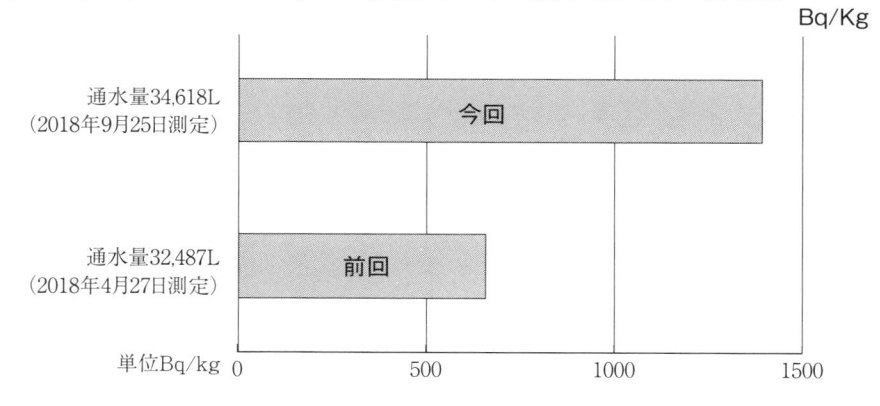

ウム値（Cs-134 + Cs-137）

人工ゼオライト：908.16Bq／kg　天然ゼオライト＋活性炭：493.2Bq／kg

　いずれも福島第一原発事故由来のセシウム134のピークも検出されている。東京都葛飾区、千葉県千葉市の水道水を吸着させたゼオライトのセシウム汚染はいずれもほぼ同時期に数値が2倍に悪化している。

　しかし注意して頂きたいのはこの数値は大幅に過小である可能性が高い点である。

　実際にカートリッジに吸着したセシウム総量が400Bq／kg程度になったあたりから吸着率が約60％低下することがわかっている。それに加えてカートリ

ッジの内容物である人工ゼオライトや天然ゼオライト、活性炭の収率は検証を行っておらず、濃度が明確な試料での検証も行っていないためである。

重量換算は検証しているが、放射能測定器メーカー指定の試料重量（320g）ではなく、検体の密度などが異なるため、私の測定値はあくまでも、参考値として利用願う。

福島第一原子力発電所事故由来のセシウムが含まれた汚染水を飲み、シャワーを浴びる事はもちろんだが、この水道水を使ったプールで泳ぐこともリスクがある。

ドリス・Jラップ女史（ニューヨーク州立大学臨床小児科助教、医学博士）は「お湯に含まれる汚染物質の20%〜90%は、入浴中及びシャワー中に皮膚を通して、又は湯気を吸い込むことで、体内に吸収される」と述べている（「IS THIS YOUR CHILD」）

使用している放射能測定器：（株）シンメトリックス社のiFKR-ZIP-A
測定者：（株）シンメトリック社の販売店である（株）シーディークリエーション鈴木優彰

2　東京の水道水の汚染について

下澤陽子

　私の東京東部に住む友達（上記鈴木氏とは別人です）、風呂の蛇口に自分で作った手作りのゼオライトの濾過器をずっとつけて防御を続けている、この2年位。その彼が、「東京の水、昨年同様の汚染でしたよ。押しも押されもせぬ汚染ですね」と。彼は、自宅のゼオライトを定期的に測っている。「80ベクレル、4000リットルで」と、教えてくれた。

　それは、このCDクリエーション（上記鈴木論考）の、ゼオライトのカートリッジの測定結果とほぼ同じだった。こちらは「739.52ベクレル、40,000リットルで」。つまりは4000リットルにしたら73ベクレル。ほぼ同じである。東京の水道水の汚染がより濃くなる方向へ進んでいることは間違いないんだろうと感じている。

　湯船にお湯を普通に溜めると200Lくらいという。だから、4,000Lなら20日分。40,000Lなら200日分。東京のお風呂の蛇口にゼオライトをつけると、

半年もすると739ベクレル/kgの放射性廃棄物が確保できるってこと。これはあまり普通のことではないと思う。

　約615ベクレル/kgを超えた表面汚染が1点でもあれば、そこは放射線管理区域と呼ぶのだそう。就労者以外立ち入り禁止。蛇口にカートリッジを半年つけるだけで、そこは放射線管理区域になるんだ。

　普通ではない。

　そして同じ蛇口から同じように測っていてこれだけ増えているのであれば、それは明らかに汚染は薄くなってはいない、ということ。ならば、なぜ？

　原因は考えていかなければないし、防御はするべきなんだろう、彼のように。

　私が理解するのは、ここまで。測定をされる方々に、感謝と敬意の気持ちを表したいです。ありがとうございます。（2019年5月21日のFacebookへの投稿より）

編集者追記：水道水そのものを濃縮せずに測定すれば、通常の測定器では測定限界以下になって「不検出」になるのは当然である。上記鈴木論考から計算すると上水道の汚染レベルはおよそ100分の1Bqのオーダーである。

　東京都水道局が発表している「浄水発生土」（水道水をつくる過程で取り除かれた河川中の濁り［土砂］などを集めて脱水処理したもの）の放射線測定データ（東京都水道局のホームページにある）を見れば、水道水の放射性微粒子による汚染は明らかである。水道水から完全に微粒子を除去することはできないからである。たとえば東京の金町浄水場について、①現在でも水道水の放射性微粒子による汚染がある（最新の2019年4月のデータで67Bq/kg）、②2018年後半は前半よりも汚染が高くなっており、鈴木論考がとっている期間では36％ほど上昇している（平均すると80.5Bqから109.2Bqへ）ことがわかる。

　浄水過程で回収された土壌成分がこの程度汚染されていることを考慮すれば、浄水場で取り切れずに水道水に含まれていたこの同じ放射性微粒子（期間の最高値は140Bq/kg）がゼオライト・フィルターに蓄積し、これに加えてさらに水に溶解したイオン状の放射性セシウムが捕捉されることになる。これだけからも鈴木氏のデータは不自然ではない数字であると確認できる。フィルターによる吸着効率（補足率）を考慮すると実態はこれ以上のレベルであろう。

　環境省「水環境放射性物質モニタリング結果」にある「河川（底質）の放射性セシウム濃度の推移（利根川水系）」によれば、2017年度においても、江戸川の川底の土壌汚染は200Bqを超えている。

　水道中の放射性微粒子の危険性は、①粒径1～数μmの場合、シャワーなどで肺から取り込まれて肺に沈着する、②ナノ粒子あるいはイオンの場合には肺に加えて消化器官からも皮膚からも吸収される、と考えられる。（渡辺悦司）

第9章

「放射能でのおもてなし」：東京オリンピックは国際社会に対する犯罪である

大和田幸嗣

　一流・超一流のアスリートに中には、日常の食生活において安全な質の高い食材をバランスよく摂ることに心掛けている選手が多いと聞く。精神的肉体的に厳しい運動は沢山のエネルギーを消費するし、それと比例し過剰な活性酸素などの副産物も作られる。食事は過剰な副産物を除去し新しいエネルギーを獲得するための重要は要素である。安全で美味しい水と空気は食事と同様に大切な要因である。選手生命に関わるこの三要素が汚染されていることを知ったらアスリートたちは東京オリンピックにどう対応するだろうか。

　2020年東京オリンピック選手村では1,500万食分の食材が必要とされるという。選手村や運動会場などでの食材には福島県をはじめとする3.11原発事故被災3県の食材を優先的に提供し、復興五輪をアピールすると日本オリンピック組織委員会が発表した（読売新聞2018.07.24夕刊）。そのためには、食材の安全性を担保するGAP認証を要件とするとした。特に福島県はGAP取得日本一を目指して、申請や審査費用の全額を補助し取得に力を入れた。その結果、福島県では取得が急増し2018年では前年の7.7倍の77件に達した。放射能に関して福島県は、県産の野菜と果物は2013年以降、米と海産物は2015年以降、基準値をクリアーしているので問題はないとしている。この基準値が安全値を意味しないことは下記で言及する。

1　日本版GAP認証はEUのGGAPと異なり食材の安全性を担保しない

政府は、EUでは当たり前のGAP（Good Agricultural Practices, 良い農業の実

施）認証とグローバルGAP（GGAP）をオリンピックを前にして突然言い出した。

　農水省はGAP を「適正農業管理」と訳し、消費者の信頼を目的とし、食品の安全、環境保全、労働者の安全と人権の視点から様々な基準を定め（100～200項目）、生産から出荷の過程を「見える化」することで、食品の事故予防、生産性の強化、業務の効率化を図り持続可能な農業生産を確保するためとしている（農水省生産局農業環境対策課GAP推進グループホームページ 2019）。一番肝心の食の安全性に関しては、栽培履歴を記録し、農薬を正しく使用しているか、全ては関連法規に準拠することと述べている。しかしながら農産物の放射能検査の義務化や残留農薬検査などの義務化の記載は見当たらない。

　GAP認証には国は関与せず、運営団体とは異なる第三者の民間機関の担当者が農場に出向くかチェックリストを生産者に渡してチェックさせるかのシステムになっている。下の表に主な日本のGAPをあげた。

種類	運営主体	第三者認証	認証農場数
グローバルGAP, GGAP（国際規格）	民間営利団体 FoodPlus：本部ドイツ	あり	～420 （2017.03.末）
JGAP（日本版）	日本GAP協会：東京	あり	～800 （2018.04）
自治体、その他	各都道府県、農協、生協	一部あり	なし

　GAP取得や更新には、団体（50名の場合1人当たり）2～11万円、個人では10～55万必要である。大手小売りスーパーには有利で、無農薬栽培などを目指す小規模農家には費用負担が多く取得が難しい。日本のGAPはEUのGGAPと違い法規範ではない。

　それに対してGGAPは、「水」「土」「空気」の安全管理のために、またGAPは規範としてスタートし（イギリス1998年）、2003年EUの「GAP規範」として農業のあるべき姿を明示した。即ち、減農薬、減化学肥料、粗農業、自然資源の環境保護、景観維持、休耕の義務化とその環境保全、生物多様性の促進に関する規制を明らかにし、その見返りとして生産者に農業補助金が直接交付される制度として具現化させた（2005年）。GAP普及のために「農業技術員制度」（EUが農業予算より給与の半分を負担する）を設け、指導体制基

盤を確立し生産者に「GAPは当たり前」の環境を整備した。違反者には補助金カットなどの罰則が科される規範法規である。

　事故原発からの放射能放出続きの状況下で、GAPは必須だが国の食材放射能検査証明書（EU諸国が現在日本の輸入食品に課している）の必要もないし、日本の緩い国内関連法規制（農薬や肥料に関する法律、環境保護に関する法律）に則っていればよく（食品などの残留農薬基準値、特にネオニコチノイド系農薬はEUの50〜1000倍緩い）、第三者機関の調査専門家による違反者に対する罰則規定も曖昧である。これでは、農水省が喧伝する食の安全性は保証されない。

　世界の現状は、安倍政権が隷従するアメリカでさえも福島県を含む14県の食品の輸入を禁止（2019年3月現在）、韓国は、福島県を含む8県の水産物の輸入禁止、台湾を含む8カ国は日本食品の輸入禁止または停止措置を取っている。

　事故後に政府が決めた食品のセシウム暫定放射能基準値の根拠は、緊急事態だから食べ物を通じて年間5ミリシーベルトの内部被曝を国民に許容させることであった。この基準値は事故前の食品の放射能の数万倍である（脱被ばくボランティアネットワーク山田・岡田の図参照）。これにはトリチウムやストロンチウム90などのベータ線（β線）を出す放射性物質は含まれていないので、異なる放射能核種による相乗被曝はもっと高くなるだろう。理論と事実から基準値の安全性を検証した。

2　政府の放射性セシウム基準値は安全値でなく強要値である

　原発推進側の国際放射線防護委員会（ICRP）は生体へ取り込まれた放射性セシウムの残存量（蓄積量）を図1に示した（ICRP: PUBULICATION III, 2009）。

　大人が放射性セシウム137を一度に1,000ベクレルを摂取した場合と1日10ベクレル、または1ベクレルを毎日摂取した場合に体内にどれだけ蓄積されるか（縦軸はベクレル、横軸は日数）、その推移を経時的に表したものである。但し、大人30歳のセシウム137の生物学的半減期を70日とした。生物学的半減期とは、体内に取り込まれた放射能が半分になる日数をいう。摂取量が1000分の1、100分の1と少なくなったとしても長期的に摂取すると体内残存量が増え、長期に渡って臓器が放射能に曝されることになる。

図1　放射能セシウムの1回摂取と長期摂取による体内残存量の経時推移

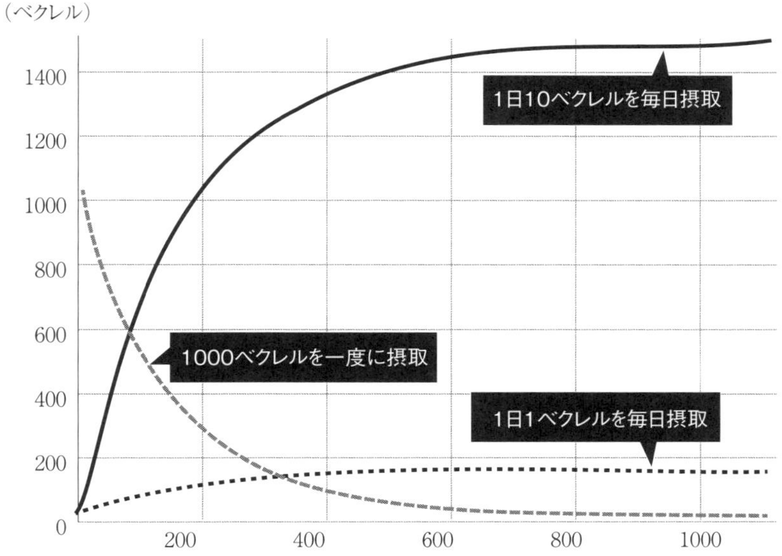

（ベクレル）

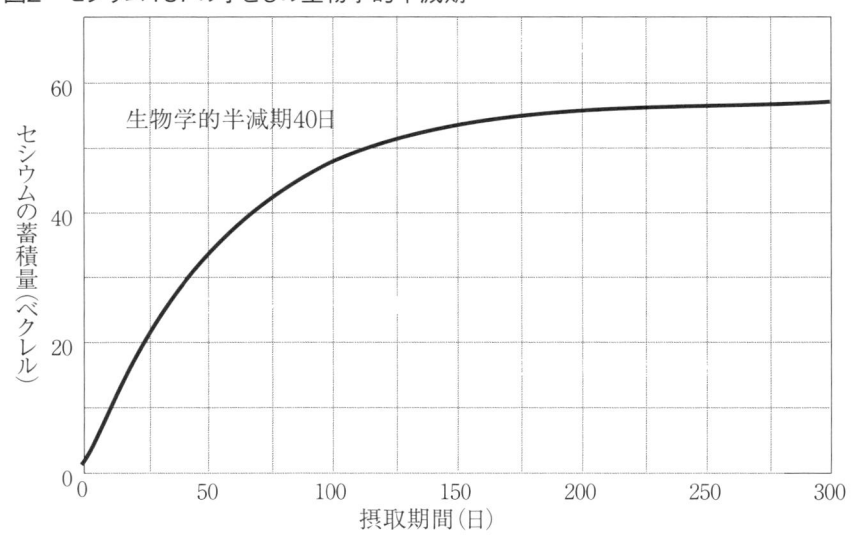

セシウム137について、1000ベクレルを一度に摂取した場合と、1ベクレル、および10ベクレルを1000日間、毎日摂取した場合の前身放射能（ベクレル）の推移。（ICRP PUBLICATION 111,2009より筆者が訳出）

図2　セシウム137の子どもの生物学的半減期

出典：大和田・橋本・山田・渡辺共著『原発問題の争点』緑風出版（2012）第1章、内部被曝の危険性、30 〜 33 頁

基準値の10ベクレルの水を1年、3年と飲み続ければそれぞれ1,200ベクレル、1,500ベクレルが体内に残留する。1ベクレルの水の場合でも、1年で約150ベクレル蓄積されることになる。

　これは、あくまでもICRPが作った推定値である。

　放射線感受性の高い人、食生活や生活習慣が異なる人にはこのまま当てはまらない。

　子供や幼児は大人に比べて放射能感受性が4〜10倍高いことが知られている。その生物学半減期は子供（1〜10歳）では40日、幼児（1歳未満）では30日と言われている。子供が1ベクレルのセシウム水を毎日摂取し続けると300日で約60ベクレルのセシウム137が蓄積される（図2参照）。これは6歳児（体重20kgとすれば）の場合にはキログラム当たり3ベクレル（3Bq／kg）になる。この子が毎日10Bqずつ摂取すれば30Bq/kg蓄積される。これが安全な量でないことを次の項で検証する。

　2011年秋、福島県南相馬市で小・中学生527人を調べたホールボディーカウンター（WBC）でγ線を計測したところ、199人は10Bq/kg未満、65人は10〜20Bq/kg、3人は20〜30Bq/kg、1人は30〜35Bq/kg、検出された（2011年10月21日朝日新聞報道）。

　事故で大量に放出され、体に蓄積された可能性のある長寿命ベータ線（β線）を出す放射性物質トリチウム（半減期12年）やストロンチウム90（半減期28年）などはWBCでは測定できないが、実際は加える必要がある。

3　低線量内部被曝の健康被害：セシウムの体内蓄積量の増加と共に心電図異常や白内障が増加（ベラルーシの場合）

　これは、ベラルーシ共和国ゴメリー医科大学元学長・故ユーリ・バンダジェフスキー博の研究報告の一部を紹介する[1]。

1　Y. I. バンダジェフスキー著『人体に入った放射性セシウムの医学的生物学的影響』（2000年出版）、久保田護訳（自費出版冊子、2011年出版）。
　2011年12月15日合同出版から『放射性セシウムが人体に与える医学的生物学的影響：チェルノブイリ原発事故被爆の病理データ』原論文（英文）併載で出版された。
　大和田・橋本・山田・渡辺共著『原発問題の争点：内部被曝・地震・東電』（第1節　19ページ〜27）（緑風出版、2012）

図3　心電図の異常増加はセシウム137の体内蓄積量と相関する

ゴメリに住む3〜7歳の子どもの心電図異常の発生率と体内放射性元素濃度の相関

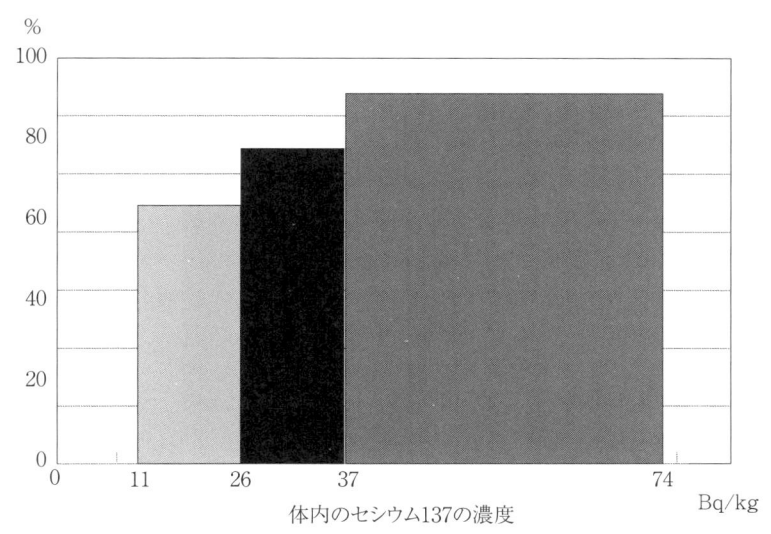

出典：ユーリ・バンダジェフスキー著『放射性セシウムが人体に与える医学的生物学的影響』合同出版（2011 年）19 頁

　3〜7歳の子供の心電図に変化が認められる頻度は、体内蓄積量が約18Bq/kgのとき約60％、55Bq/kgのときには約80％。心電図に異常が認められない正常な子供の割合は、体内蓄積量の増加と共に明らかに減少している（図3）。ゴメリー医大の18〜20歳学生でセシウムレベルが26Bq/kgの場合、明確な心電図異常は48％だった。成長が完了した若者の心臓にも影響が出ていた。20歳になった女子学生が突然死した例もある。また子供の白内障発生率が体内蓄積量の増加と共に高くなっている（図4）。

4　日本でも心電図異常の増加

　福島原発事故後の2012年、茨城県取手市の小中学生の心電図検査で要精密検査と診断された小学生は前年の2.5倍、中学生は3倍と急増した。また、突然死の危険性指標である「QT延長症候群」とその疑いがあると診断された生徒は4倍であった（東京新聞2012年12月26日）。子どもたちのその後の経

図4　白内障異常の増加

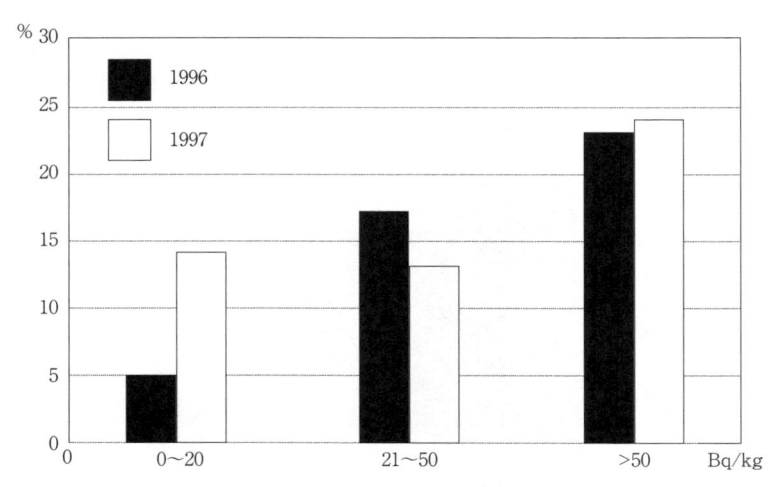

出典：ユーリ・バンダジェフスキー著『放射性セシウムが人体に与える医学的生物学的影響』合同出版（2011 年）40 頁

過が懸念される。これは氷山の一つに過ぎない。

　20 ミリシーベルの福島県汚染地区への強制帰還政策は子供だけでなく大人の突然死を増加させる危険性がある。

5　複合性先天性心疾患が原発事故以降全国レベルで増加

　原発事故により環境に放出された放射能の影響を学術的に検討した結果が名古屋市立大学などのグループにより 2019 年度のアメリカの専門誌に掲載された[2]。筆者らは、日本胸部外科学会が 1986 〜 12015 年まで収集していた胸部外科手術症例データから先天性心疾患（CHDs）、奇形心臓病を取り上げ分類し、事故前と事故後の比較を全国レベルで行った。複合性先天性心疾患（complex CHDs, cCHDs）の割合が 1 歳児以下で 2011 〜 20015 年度まで 10 万人あたり 14.2%（95% 信頼区間）と増加していた。

2　Murase K. et al. Nationwide Increase in Complex Congenital Heart Diseases after the Fukushima Nuclear Accident. J. Am. Heart Assoc. 2019; 8: e009486. DOI: 10.1161/JAHA.118.009486.

震災後の先天性異常の全国的増加は、心臓だけでなく生殖器でも起こっていることを上述の筆者らが厚労省のデータから見出した。頻度が高いとして知られている滞留睾丸（片方または両方の睾丸が腹腔内に埋められている）が2012年度から4年間継続して13.4%（95%信頼区間）上昇していた[3]。

　これらの事実は、空気や食物を介した母親の低線量放射能による内部被曝が原因である可能性が高いものと考える。

　安倍首相を筆頭に政府と学会や学者は原発事故による健康被害は一切ないと強弁し、大手マスコミもまた事実の報道を控えるか歪曲して報道している。しかし、福島県の小児甲状腺がんの患者数は270人に達したし、子供や大人にがん以外にもホルモン異常を含む様々な症状、「能力減退症（ぶらぶら病）」と呼ぶ疾患が増加し、首都圏から避難を余儀なくされている多くの人たちがいる（三田医師の論考を参照）。

危険な体内放射能レベルを知って対策を講じ子供と自分を守ろう

　チェルノブイリ原発事故による放射線汚染で苦しむベラルーシの子供や人々に手を差し伸べたために、ベラルーシ政府や国際原子力機関（IAEA）によって迫害された2人の科学者と医学者、ヴァシリー・ネステレンコとユーリー・バンダジェフスキー[4]は子供や大人を健康被害から守るための判断基準となる放射能レベルとそれへの治療の具体策を示した[5]。

	要監視・注意レベル	危険レベル
子ども	20Bq/kg	70Bq/kg
大人	70Bq/kg	200Bq/kg

　注意レベル以上の放射能を蓄積している子供たちには体内蓄積量を減らすためにリンゴペクチン錠を与え、14日以上非汚染地で滞在し放射能フリーの食材を取りながら保養する機会を与える。

3　Murase K. et al. Nationwide Increase in Cryptorchidism after the Fukushima Nuclear Accident. J. Urology. 2018; 118: 65-70

4　ヴラディミール・チェルトコフ著『チェルノブイリの犯罪』（上・下巻）（緑風出版　2015年）

5　ウラジーミル・バベンコ、ベルラド放射能安全研究所（ベラルーシ）著、辰巳雅子訳、今中哲二監修『自分と子どもを放射能からまもるには』（世界文化社、2011年）。

放射線管理区域に相当する汚染地の故郷に強制的に帰還させる日本政府のやり方は、子供と大人の安全で健康に生きる憲法に保障されている人権を奪い、国民をないがしろにする政策である。この野蛮な政府に屈せず、尊厳を持って生きていくには、放射能から身を守る術を実践していく必要がある。その実験記録を拙著として公表したので参考にしてほしい[6]。

　自国の未来の命ばかりか世界の一流アスリートの命まで危険に晒そうとする東京オリンピック・パラオリンピックは、人道に反する犯罪であり、早急に中止すべきである。

6　大和田幸嗣著『放射能に負けないレシピと健康法』（緑風出版、2017年）

第 3 部

避難者たちが体験した被曝影響と症状

第1章
『新ヒバクシャ』に『能力減退症』が始まっている

三田茂

2011年3月11日の東日本大震災に引き続く東京電力福島第一原子力発電所の爆発により、福島はもちろん東日本は広範囲に放射能汚染された。東京都で開業医をしていた私は、当院患者さんたちの体調の変化に気付き、首都圏住民を中心に約4000人の検査、診療を行ってきた。

1　2011年から2016年

私の患者さんたちは、放射能回避の意識の強い人たちなので現在まで重症の疾病の発生は目立たない。しかし、異常な鼻血、皮下出血（アザ）、リンパ節の腫れ、下痢、喘息、副鼻腔炎などの呼吸器疾患の多発、難治化、ケガ、キズ、皮膚炎の治りの悪さ等が気になった。

本来小児特有の病気である手足口病やヘルパンギーナが成人にも多く見られたり、主に高齢者の病気である帯状疱疹が小児にも多く見られたり、他の性病は減少傾向なのに梅毒のみが激増したりしていることは統計からも明らかで、注目すべき変化である。

私は国の定める電離放射線検診に準じた血液検査を、乳幼児から老人、約4000人の受診者に施行してきた。

小児、特に乳幼児に顕著だった白血球減少は、2012年までの1年間はホットスポットとして知られる東京東部から東葛エリアで目立ったが、その後は西部の武蔵野エリアにも広がり、今や首都圏はどこでも同じとなってしまった。

巷では、主に福島の甲状腺がんの話題ばかりが取りざたされるが、そのことのみを論じていては全く不足である。

白血球の減少、白血球像の変化、諸々の自覚症状、感染症のプロフィールの変化、疾病の進行の様子の変化、診断がつきにくく治療の反応が悪くなってきていることなどを分析、議論すべきである。

　私の観察によれば、東京首都圏居住者の健康被害は明らかであり、福島県の汚染の少ない地域や北関東の住民のそれよりもむしろ深刻である。

2　『新ヒバクシャ』とは？

　各症状の程度は個人差が大きいが、差はあっても、東日本居住者は全てが影響を被った当事者であると認識し直すべきであり、今回私は『新ヒバクシャ』という概念を提唱する。

　2011年福島原発爆発事故により放射能被曝させられた私たちは、ヒロシマ・ナガサキの、ビキニの、チェルノブイリの、湾岸戦争の、そして軍事や核産業に従事するヒバクシャたちに引き続く21世紀の『新ヒバクシャ』として自身を再認識し、自ら健康を保持しなくてはならない。また医療者は診療にあたり、今までの医学常識が今後通用しなくなる可能性を忘れてはならない。

　福島原発事故は未だ収束の見通しもなく、2017年の時点で首都圏においても降下物、水道水とも放射性物質が検出（原子力規制委員会による）され続けている。

　『新ヒバクシャ』は長期にわたる低線量被曝を受け続けている点で、過去のヒバクシャとは異なる特徴がある。チェルノブイリ等の先人の研究は当然尊重し参考にしつつ、しかし全く新たな健康被害が発生する可能性を忘れてはならない。

3　『能力減退症』とは？

　それまでも訴えはあったが、『新ヒバクシャ』たちの生活に影響を及ぼす症状が2016年頃から急に増加しその程度が強くなってきた。

　記憶力の低下：ものおぼえの悪さ、約束の時間を間違える、メモを取

らないと仕事にならない。

疲れやすさ：仲間についていけない、長く働けない、頑張りがきかない、だるい、疲れると３〜４日動けない、昔できていたことができない、怒りっぽく機嫌が悪い、寝不足が続くと発熱する（小児に多い）。

集中力、判断力、理解力の低下：話の飲み込みが悪く噛み合わない、ミスが多い、面倒くさい、新聞や本が読めない、段取りが悪い、不注意、やる気が出ない、学力低下、能力低下、頭の回転が落ちた、宿題が終わらない。

コントロールできない眠気：倒れるように寝てしまう、学校から帰り玄関で寝てしまう、昼寝をして気付くと夜になっている、居眠り運転、仕事中に寝てしまうので仕事をやめた。

第２次大戦後、ヒロシマ・ナガサキのヒバクシャにも同様の症状は非常に多く見られ、都築正男東大名誉教授は「慢性原子爆弾症の後障碍」と、肥田舜太郎医師は「原爆ぶらぶら病」と記載した。これらの症状はビキニのヒバクシャ、チェルノブイリのヒバクシャ、核産業のヒバクシャの多くをも悩ませ続けている。今回私はこの現象を新たに『新ヒバクシャ』の『能力減退症』と呼びたいと思う。

さらに臨床医として日々の診療、治療で感じているのは、疾病が典型的な経過を取らないので診断が困難な症例、病状の悪化に伴うはずの身体所見（炎症所見など）や血液検査データの変化が乏しく判断を誤りやすい症例、治療に対する反応が悪い症例を少なからず経験することである。

病原菌に対する防御力の低下：ちょっとした病気にかかりやすい、身体の免疫力の低下、あるいは時間的な遅れ：感染に際して期待される白血球増多がみられず、あるいは遅れるために治療が効果を表すのに時間がかかる、生体の反応が間に合わなければ深部感染症に進行し予想外に急速に敗血症から死に至ることもあり得るのではないか。

傷害組織の治癒力の低下：小さなキズの治りが悪い、皮膚炎が治りにくい、蜂窩織炎（ほうかしきえん）が多い。

これらを含めた、多面的「能力」の「減退」＝『能力減退症』が事故後３

〜 4年を経て急速に増えていることを感じ、危惧するのである。

4 『能力減退症』の原因

　これらの困った症状が、東日本から西日本への移住、保養ではっきり改善することは多く、また東日本に戻ると悪化する体験を多くの『新ヒバクシャ』が持っている。

　『能力減退症』の原因が放射能被曝単独であるとの証明まではできないが、旧来のヒバクシャたちの経験した症状との強い類似性から考えると原因の中心に放射能被曝があることは間違いないであろう。

　また、1980年代から強く認識されるようになった化学物質過敏症の症状の中にはこれらと非常に類似した記載があることから、『能力減退症』とは、一部化学物質過敏症的であるとも言えるし、放射能被曝によって身体の感受性が変化して化学物質過敏症の発症をも誘発したという可能性もあるだろう。

　例数は少ないが、MRIなどの脳の画像診断を行った結果では、中枢神経にはっきりと認識できる病的変化は起きていないし、認知機能検査も正常範囲である。

　話題となりやすい甲状腺ホルモンレベルは健常人の値とかわりなく、変化は全く見られない。

　私は2017年3月頃より『能力減退症』を訴える患者さん約100名を中心に、脳下垂体−副腎皮質ホルモン検査を行った。具合は悪いが寝込むほどではなく、不便ながらも生活できているくらいの人たちの上記ホルモンレベルは、正常の下限周辺から低値であり、元気な人たち（正常中央値に近い）と比較して分布が明らかに低く偏ることが示された。この相対的脳下垂体−副腎皮質機能低下症というべきホルモン異常の状態が『能力減退症』の原因の大きな一つであるのは、後述の治療によって生活能力が実用的に大きく回復することからも確実である。

5 『能力減退症』の治療

　今まで医学的にはっきりした病名のつかなかったこれらの症候は、したが

ってその治療に今までは積極的なものはなく、「ヒビの入った容器として大切に取扱う外ない（都築）」「無理な生活を避けしめるように指導する（都築）」というに留まっていた。「無理をせず、休息を十分取り、早寝する」といった指導は確かにある程度は有効であった。

　しかし『能力減退症』の症状は、2016年頃（被曝後5年）から症例数は多く、程度は強くなっており、生活指導のみでは不充分で、就学、就労に差し支えるほどになってきた。

　相対的に不足している副腎皮質ホルモンは、経口的に補充投与して正常レベルに近づけることが可能なので、2017年4月よりそのような治療を開始したところ、その約70〜80％が「能力」の回復を実感した。

　「眠気が取れた」「霧が晴れた感じ」「昔のように働ける」「元のように明るくなったと言われる」「若くなったと言われた」「気分が上向きになった」「スムーズに理解できる」「頭の回転が30％から80％に上がった」「できなかった宿題がすぐ終わる」「イライラしなくなった」「不安なく運転できる」「目のかすみが取れる」等々。

　相対的脳下垂体−副腎皮質機能低下症に対しては、注意深く不足ホルモンの補充をすることで『能力減退症』症状の改善が得られたが、しばらくの治療の後、減薬、休薬すると再び症状が悪化する例が多いことも事実で、副作用を起こさないように個々に内服量を調整しながら治療を継続している。

　『能力減退症』と明確に区別できない強い自律神経症状に悩まされている人もまた多いが、このような人は化学物質過敏症を併発している可能性（もともとあった過敏症が悪化していることも）も高く、化学物質を回避する指導が有効であることも多く経験している。ある種の漢方薬治療も症状改善に結びつくことが多く、ホルモン低下症例に対しても効果を示すことが多いようである。

6　『新ヒバクシャ』の皆さんに

　2011年以降東日本に住んでいた、あるいは今も住んでいる人たちは、自分自身を『新ヒバクシャ』としてしっかり認識し、体調の変化、疾病に対応していただきたい。「歳をとったから」などと安易に納得せず、前述の諸症状

にあてはまる点はないか考えて欲しい。チェルノブイリでは、ヒバク＝老化と考える人も多い。

　私が最も心配するのは、感染に対する反応性の低下である。医療機関で行った検査では大きな異常がなく、医師に「軽症あるいは異常なし」と言われたとしても、自覚的に体調が悪ければ、しつこくそれを訴えて欲しい。『能力減退症』では身体の防衛反応が低下するため、検査データが異常を示しにくくなるので、本当は意外に重症かもしれないからである。

7　医療者、とくに開業医の先生方に

　症状と診察所見と検査データが乖離している、診断がつかない、治療効果が思うように上がらないときには、『能力減退症』の可能性をも考えていただきたい。

　白血球数は、増多（抵抗力大）より減少（抵抗力小）が、むしろ病勢の悪化、重症化を示しているかもしれない。

　コルチゾール低下傾向の人が多いので、その補充が功を奏する可能性もある。

　当然のことと考えている自然治癒力が低下すると治療にも工夫が必要となる。

表1　チェルノブイリ原発事故前後の胃がん、肺がん診断後の余命（ウクライナ、ジトームィル地区ルギヌイ）

年	診断後の生存月数	
	胃がん	肺がん
1984	62	38
1985	57	42
—	—	—
1992	15.5	8.0
1993	11.0	5.6
1994	7.5	7.6
1995	7.2	5.2
1996	2.3	2.0

出典：核戦争防止国際医師会議ドイツ支部著・松崎道幸監訳『チェルノブイリ原発事故がもたらしたこれだけの人体被害』合同出版（2012年）75ページ

チェルノブイリ原発事故前に50カ月ほどであった胃がん・肺がん患者の余命が、事故後10年で2カ月まで短縮したというウクライナの論文（京大原子炉実験所　今中哲二助教編）があることも知ってほしい（表1）。

8　再び『新ヒバクシャ』について

　この2～3年、眠気が強い、病気にかかりやすい、急に老けた、仕事が辛い、物忘れが激しいといった『能力減退症』症状の訴えが、西日本在住の人たちにも散見されるようになった。化学物質過敏症、電磁波過敏症の悪化も無視できない。アメリカからの旅行者が、子どもの症状を当院で訴えたこともある。低線量被曝は広く考えれば、全日本、全地球規模のものであり、もともと虚弱体質の人や障がい者、難病患者さんたちは、2011年以降その影響を強く受けた印象がある。

　『新ヒバクシャ』には『能力減退症』以外にも注意すべき症状が起きることがある。

　免疫力は低下するのみでなく暴走することもあるが、自己免疫疾患の増加、アレルギーの悪化、更にはアナフィラキシー様発作の増加は気になる。

9　むすび

　ヒロシマ・ナガサキのヒバクシャ、ビキニのヒバクシャの医療に当たった都築正男東大名誉教授は、1954年（昭和29年）『慢性原子爆弾症について』のおわりに、「臨床醫學の立場からするならば（中略）慢性原子爆弾症の人々に何かの異状を認めたならば、それが自覺的で苦惱であろうと、他覺的の症状であろうと、對症的だけの處置だけでも之を施して善處するのが臨床醫學の責務ではあるまいか。學問的に未解決であるとの理由で拱手傍観することは避けたいものである」とし、「病者と共に苦しみ共に樂しむことを日常の仕事としていられる臨床醫家は、私の微意のあるところを充分に汲みとって下さると思う」とむすんでいる。

　この論文に私は強く同意し、60余年を経て新しい概念を提唱する。

2018年2月28日

2020年の東京オリンピックに強く反対します。

東日本大震災後の、未だに原子力緊急事態宣言発令下にある日本。その日本の放射能汚染地トーキョーが「復興五輪」として立候補し、それをIOC（国際オリンピック委員会）が承認したのです。

ビジネスイベントとしてのオリンピックに投資し、特需を仕掛け、目先の経済拡大効果を優先し、参加選手・関係者・観客がヒバクすることは承知のうえで、健康的マイナスにはいっさい目をつぶることに世界は決めたのです。

開催期間中に短期間フクシマ・トーキョー・東日本を訪れる人達のヒバクは、倫理的には絶対に回避しなくてはならない問題ですが、実際の被害は限定的でしょう。むしろ、被災地ツアー、食材・建材の流通、子ども達の利用など、国の進める「被災地における機運醸成」に単純に反応する世論の感傷的な盛り上がり、熱狂、現在進行中の放射能汚染事故に対する危機感・ガードの低下、麻痺した感覚が今後西日本を加速度的に蝕むことを、私は恐れます。

2019年4月17日

編集者追記──福島や東京での短期滞在の場合にさえ考えられる健康影響としてのいろいろなアレルギー症状、自己免疫症状の悪化

三田医師が触れている被曝によるアレルギーの発症や悪化（「自己免疫疾患の増加、アレルギーの悪化、更にはアナフィラキシー様発作の増加」）については、短期滞在した場合でも経験したという多くの福島や関東圏からの避難者、支援者の証言がある。とくにすでにアレルギー体質をもっている場合、この点に、特別の注意が必要である。（渡辺悦司）

第2章

がん、白血病・血液がん、子供の発達障害の多発

渡辺悦司

　ここでは、福島原発事故による放出放射能の影響を受けている広範な地域、とりわけ著名人や支配層中枢の人々が多数居住する東京圏における白血病やがんの多発を示唆する事象を取り上げよう。

　世界的なトップスイマーである池江莉花子選手（18歳）が自身の白血病を公表し、それに続いて著名なシンガーソングライターの岡村孝子さん（57歳）も自身が白血病で治療中であるとカミングアウトするなど、日本社会全体にショックが広がっている。心から回復をお祈りしている。

　もちろん、個別の事例について、発症と放射線被曝との関連を証明することは事実上不可能である。個人情報に係わるので、医療情報は極めて限られている。また、被曝に反対する批判的な人々の間でも、これら諸個人の将来に配慮して、放射線被曝との関係の可能性に触れないようにする、あるいは触れるべきではないという自粛傾向も根強い。

　だが、ここで問題なのは、被曝関連の確証ではなく、東京電力と日本政府が、住民一般だけでなくトップアスリートや著名人に対して原発事故により曝した重大な被曝リスクであり、その加害責任ということなのである。

　広島・長崎や今までに積み重ねられてきた被曝影響の科学的知見と、現実に出てきているがん登録統計の動向を考慮すれば、これら一連の著名人の白血病発症が福島原発事故による被曝と関連している可能性は、否定できないだけでなく、十分に高いと考えざるをえない。

　以下、①白血病・多発性骨髄腫などは放射線被曝と高い関連性がある（ここでは放射線高感受性と呼ぶ）、②10歳で被曝した場合に7～15年後の白血病発症確率は非常に高い、③政府のがん登録統計には白血病・その前駆症状を含む「その他血液がん」・多発性骨髄腫など血液がんの増加傾向が明確に示

されている、④東京とくにその東部地域の事故後の汚染状況からみて、さらに子供の場合は放射線感受性の高さを考慮すると、住民が政府の白血病の労災認定レベル（年間5mSv）相当の被曝をした可能性は十分に考えられる、⑤東京における水道水汚染、プールの水の汚染、生徒による学校でのプールの清掃活動など追加的な被曝、特に内部被曝を考慮するべきである、⑥放射線以外の危険因子であるベンゼンへの曝露やHTLVウイルスへの感染（九州地方に多い）など（『新臨床腫瘍学第4版』南江堂2015年）が考えにくいなどという点について検討する。

1　白血病は放射線被曝との関連が極めて高い

　広島・長崎の被爆者の調査により、白血病の放射線被曝との関連は極めて高いことが証明されている。相対リスクは、1Gyあたり白血病で約5倍、多発性骨髄腫で約3倍である（図1）。

図1　広島・長崎の被爆者調査による各種がんの放射線感受性：（原表題）部位別がん死亡の1Gyにおける相対リスクおよび90%信頼区間1950 〜 1985年

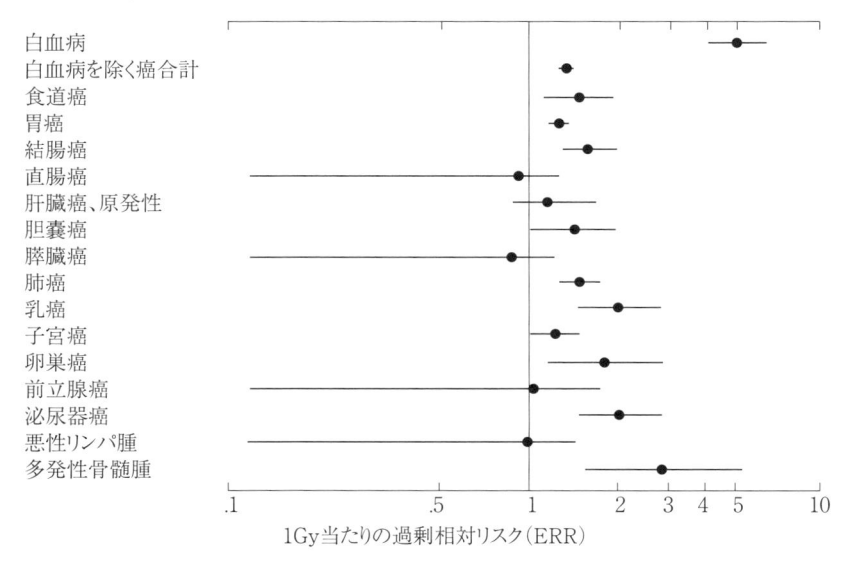

出典：放射線被曝者医療国際協力推進協議会『原爆放射線の人体影響 1992』（文英堂、1992 年）26 ページ

図2　被曝時年齢と急性白血病死亡リスクの経年変化

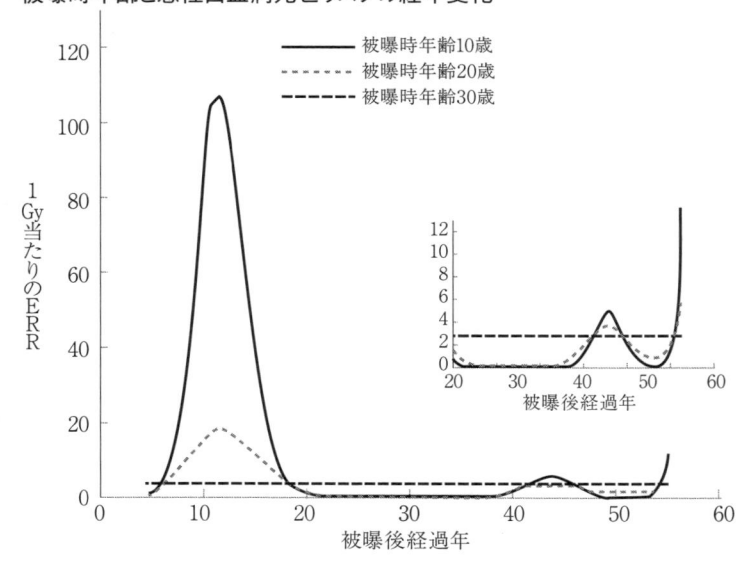

出典：放射線被曝者医療国際協力推進協議会編『原爆放射線の人体影響 改訂第2版』文英堂、2012年、189ページ。ちなみに同協議会の元会長は重松逸造氏であり、初版の巻頭言を書いている。山下俊一氏はその教え子の1人である。すなわち推進側の文献でさえ、育ち盛りの少年少女の被爆による白血病発症の危険性を認めているという事実が重要なのである。

　原爆被爆者の調査では年齢別のリスクも明らかにされている（図2、3）。原爆被爆者調査では10歳での被曝による白血病の7〜8年後から15年後の間の死亡リスクが極めて高い（ピークでは100倍以上）ことが指摘されている。当時は白血病はほとんどの場合不治の病であり、同じ傾向は発症リスクについても確認できるであろう。

　池江選手は10歳で福島原発事故に遭遇し、8年後に白血病を発症した。したがって彼女の白血病が原発事故による被曝と関連する可能性は、広島・長崎の被爆者の疫学調査によれば、被曝しなかった場合より数十倍（おそらく40倍程度）高いということになる（被曝量については後に検討する）。この事実は、どのようにしても否定することはできない。

　もちろん、白血病がほとんど不治の病であった戦後直後の被爆者の場合よりも、現在では医学の進歩により生存率がずっと高いことは疑いをえない（5年生存率およそ70％程度）。だがこのことは、事故を起こし、放射能汚染を引

図3　被曝時年齢による白血病のリスクの経年推移

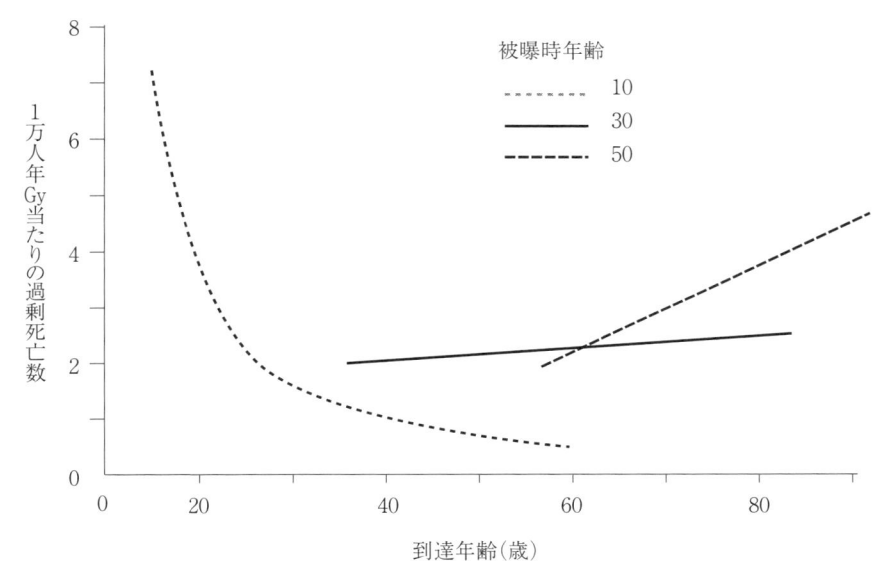

出典：放影研のホームページより
https://www.rerf.or.jp/programs/roadmap/health_effects/late/leukemia/

き起こした政府と東電の健康被害に対する責任をいささかも免ずるものではない。日本にとってのみならず世界にとってのトップスイマーに白血病発症リスクを与えたことだけでも、政府・東電は重大な責任を負うべきなのである。

2　国立がん研究センター「院内がん登録統計」での白血病増加

　院内がん登録統計とは、1年間に「入院外来を問わず、自施設において、当該腫瘍に対して初回の診断が行われた腫瘍」の件数を示すデータであり、ほぼ新規のがん発症数を表現する。ただ、個人情報保護として10件以下の患者数は正確な数値が公表されておらず、以下についても、数値は全て大まかな概数として考えていただきたい。

　統計に含まれる病院数がこの間に増加しており、それを補正する必要があ

る。2010年に統計に含まれていた病院だけの統計を抽出して合計すると以下の通りである。東京都において血液がんの明確な増加傾向が見られる。とりわけ「その他血液がん」が急増している。その中には骨髄異形成症候群など白血病の前駆症状が含まれており、今後の白血病の発症の多発傾向を示唆していると考えられる。

福島県やその周辺の関東・東北圏においても同じである。

表1 東京都の20病院の血液がん新規患者数（2010年ベース）

	東京都（20施設）			全国（387施設）		
	2010年	2016年	Δ16/10	2010年	2016年	Δ16/10
悪性リンパ腫	1,647	2,149	30.5%	18,549	22,480	21.2%
多発性骨髄腫	298	411	37.9%	3,522	4,411	25.2%
白血病	634	819	29.2%	7,258	8,380	15.5%
その他の血液がん	328	751	129.0%	4,481	7,650	70.7%
血液がん合計	2,907	4,130	42.1%	33,810	42,921	26.9%

注記：全国は施設数による簡易補正である。ハイライトしてあるのは全血液がんの全国平均以上の伸び率を示したもの。
出典：国立がん研究センター「院内がん登録統計」各年版

表2-1 福島県の8病院の血液がん新規患者数（単位：人）

	2010年	2016年	Δ16/10
悪性リンパ腫	254	310	22.0%
多発性骨髄腫	51	77	51.0%
白血病	88	105	19.3%
その他の血液がん	76	127	67.1%
血液がん合計	469	619	32.0%
全国血液がん合計	33,810	42,921	26.9%

出典：国立がん研究センター「院内がん登録統計」各年版

表2-2 茨城県の8病院の血液がん新規患者数（単位：人）

	2010年	2016年	Δ16/10
悪性リンパ腫	279	351	25.9%
多発性骨髄腫	77	91	18.2%
白血病	71	115	62.0%
その他の血液がん	59	87	47.5%
血液がん合計	486	644	32.5%
全国血液がん合計	33,810	42,921	26.9%

出典：国立がん研究センター「院内がん登録統計」各年版

表2-3 神奈川県の13病院の血液がん新規患者数（単位：人）

	2010年	2016年	Δ16/10
悪性リンパ腫	775	994	28.3%
多発性骨髄腫	144	167	16.0%
白血病	328	345	0.52%
その他の血液がん	196	297	51.5%
血液がん合計	1,443	1,803	24.9%
全国血液がん合計	33,810	42,921	26.9%

出典：国立がん研究センター「院内がん登録統計」各年版

表2-4 埼玉県の11病院の血液がん新規患者数（単位：人）

	2010年	2016年	Δ16/10
悪性リンパ腫	593	749	26.3%
多発性骨髄腫	87	131	50.6%
白血病	198	272	37.4%
その他の血液がん	148	223	50.7%
血液がん合計	1,026	1,375	34.0%
全国血液がん合計	33,810	42,921	26.9%

出典：国立がん研究センター「院内がん登録統計」各年版

表2-5 宮城県の7病院の血液がん新規患者数（単位：人）

	2010年	2016年	Δ16/10
悪性リンパ腫	414	475	11.7%
多発性骨髄腫	73	84	15.1%
白血病	145	175	20.7%
その他の血液がん	92	172	87.0%
血液がん合計	724	906	25.1%
全国血液がん合計	33,810	42,921	26.9%

出典：国立がん研究センター「院内がん登録統計」各年版

3 福島原発事故後における各種がん発症も顕著な増加傾向

　さらに、院内がん登録統計では、血液がん以外の各種のがんについても増加傾向がはっきり確認できる（表3）。一般に言われている各種がんの放射線感受性は図1、4、5の通りである。

　もちろん、厚生労働省管轄下の統計一般がそうであるように、がん登録統

表3 東京都において増加率の高い順でのがん種類の比較

がん種類	東京	福島	全国	備考
	Δ2016/2010	Δ2016/2010	Δ2016/2010	
総数	24.2%	9.6%	18.5%	福島は全国比で過小、1/2程度の操作疑惑
他の血液がん	129.0%	67.1%	70.7%	白血病への前駆症状を多く含む
皮膚	65.7%	18.5%	44.8%	
その他固形がん	56.1%	13.2%	30.7%	有効な治療法がない希少がんを含む
卵巣	53.5%	18.6%	31.3%	
骨軟部	43.2%	105.7%	13.1%	放射線高感受性、福島の伸び際立つ
膵臓	40.9%	29.9%	32.1%	
口腔咽頭	38.8%	0%	21.9%	
多発性骨髄腫	37.9%	51.0%	25.2%	福島での伸びが目立つ
子宮	32.9%	3.2%	19.3%	
悪性リンパ腫	30.5%	19.0%	21.2%	
白血病	29.2%	19.3%	15.5%	放射線感受性の高いがん
大腸	27.8%	7.9%	24.2%	
甲状腺	27.5%	19.0%	10.6%	
肺	27.0%	5.3%	16.6%	
乳房	24.1%	7.0%	22.4%	
膀胱	23.0%	23.3%	24.9%	Csによる内部被曝との関連が指摘されている
食道	18.6%	-2.3%	14.1%	
胆嚢胆管	16.2%	5.4%	9.1%	
腎尿路	15.1%	12.5%	27.7%	
脳神経	13.1%	-6.5%	26.1%	
胃	8.8%	-7.9%	5.1%	
前立腺	7.0%	50.7%	16.0%	福島で顕著な増加が見られる
喉頭	-1.9%	17.9%	-4.8%	
肝臓	-7.0%	12.6%	-11.4%	

注記：ハイライトは全国平均より大きい伸び率を示す。

出典：国立がん研究センター がん対策情報センター がん統計研究部 院内がん登録室「がん診療連携拠点病院 院内がん登録 全国集計報告書 付表1〜6」2009〜2016年版より筆者作成。

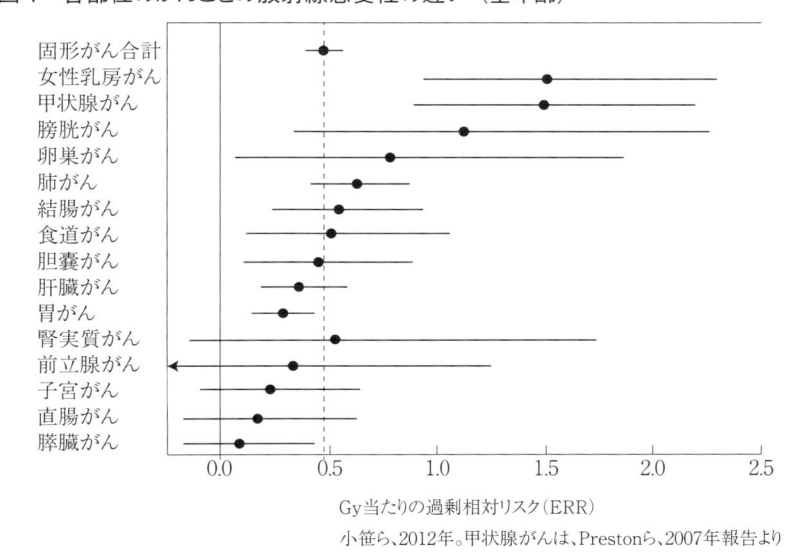

図4　各部位のがんごとの放射線感受性の違い（全年齢）

Gy当たりの過剰相対リスク（ERR）

小笹ら、2012年。甲状腺がんは、Prestonら、2007年報告より

出典：青山喬・丹羽太貫監修『放射線基礎医学 第12版』（金芳堂、2016年）367ページ

計も、福島県の統計はとくに、意図的に操作されている可能性が高い。たとえば全がんについて、2010年から2016年にかけての福島県の全がんの新規登録数の増加率は9.6％であり、全国平均の18.5％に比較しておよそ半分でしかない。がん発症の増加をもたらす最大の要因の一つは、いうまでもなく人口の高齢化である。福島県における人口の高齢化が全国平均と同等かそれ以上に進行している事情を考慮すると、福島県のデータは、きわめて疑わしい数字であると言わざるを得ない。福島県に比較して明らかに人口構成の高齢化の進行度が低いと思われる東京都の全がんの伸び率（24.2％）に比較すると、その疑惑はさらに高まる。

　だが今はこの点に問題があるのではない。そのようなデータの操作疑惑にもかかわらず、放射線感受性の高い血液がんにおいて、高い伸びが記録されているという事実は、極めて重いといわなければならないのである。このような事情は、高齢化の度合が相対的に低い東京におけるがん発症の増加のもつ深刻性もまた際立たせるものでもある。

　福島で非常に高い伸び（105.7％）が記録されている「骨軟部がん」は、放

図5　30歳で被曝した場合の70歳までのリスク

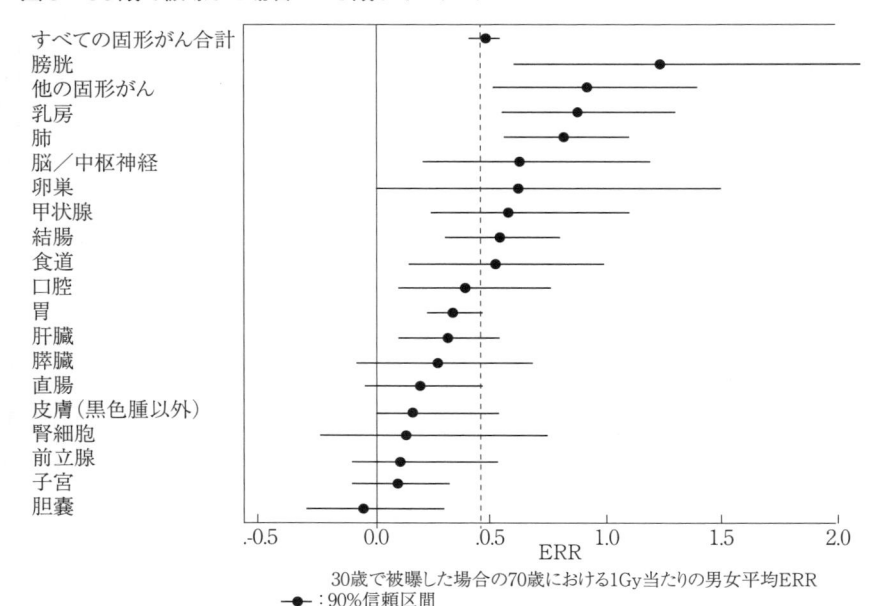

出典：放射線被曝者医療国際協力推進協議会『原爆放射線の人体影響 改訂第2版』文英堂、2012年、81 ページ

射線関連性が高いと考えられているがん種の一つである。日本臨床腫瘍学会編『新臨床腫瘍学 第4版』（南江堂、2015年）の「骨軟部腫瘍」の項目では、「悪性（骨）軟部腫瘍の確立した危険因子は、治療的照射による電離放射線被曝である」と明記されている。骨軟部がんの中で最も多い骨肉腫についても、「骨肉腫の危険因子は治療的照射による電離放射線被曝である」と特記されている（475ページ）。

　福島県が発行している『福島県のがん登録』（最新は2014〜2015年度版）には、がん種類25項目の中にこの「骨軟部」が見当たらない。意図的にこの統計を未公表にしたのではないかという疑惑があるといわざるをえない。

　絶対数では、全国で、2010年の3040件から2016年の3438件に、東京で同じく474件から679件に、福島で35件から72件に増加している。東京での発症は、全国のおよそ2割（19.7％）に及び、人口比（11％）を上回る高い発症率が示されている。

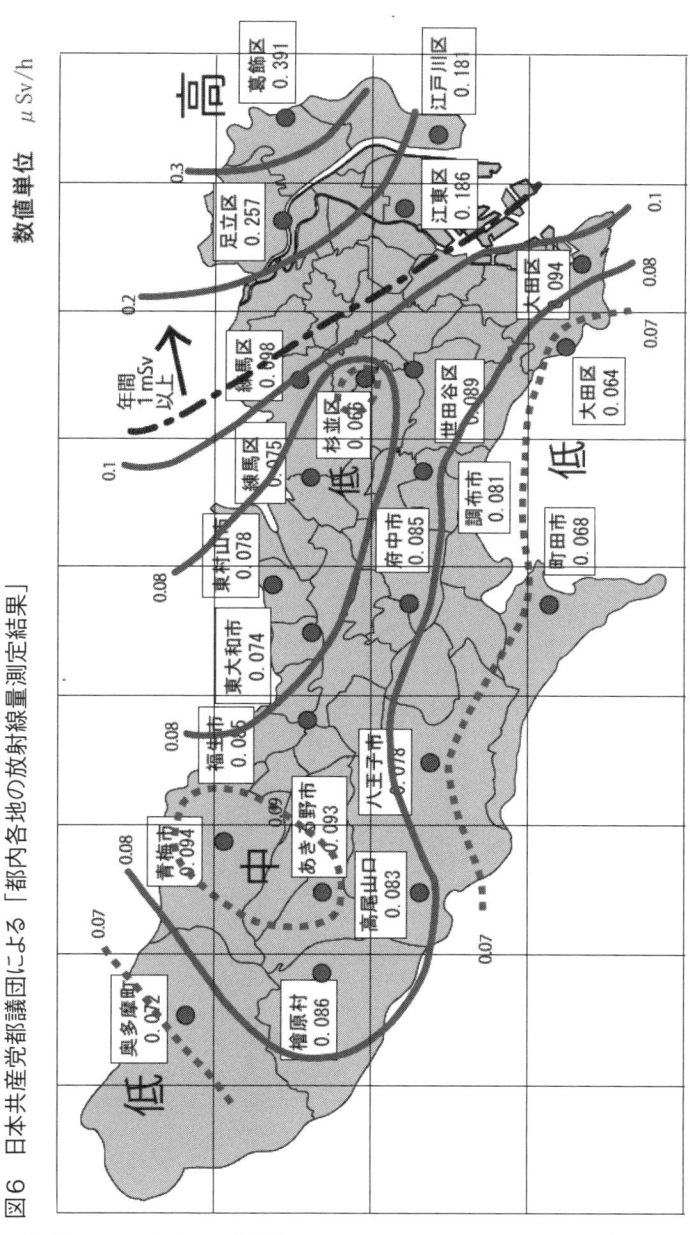

図6　日本共産党都議団による「都内各地の放射線量測定結果」

数値単位　μSv/h

測定日：2011年5月6日〜20日　複数地点、複数の日で測定しているものについては高い方の通知を記載。　測定者：日本共産党都議団と専門家
測定地点　都内を10Kmメッシュで区切り
測定器　ALOKA PDR-101型　ポケットサーベイメーター
測定方法　地上高約1mで表示数値を10秒間隔で10回読み取り（各値は平均値）

年間1mSvの積算の根拠 ── ICRP（国際放射線防護委員会）の「ALARAの原則」の考え方に基づき年き約0.12μSv/hの放射線量を24時間365日で受ける積算線量とした。

なお文科省や東京都が採用する「屋外に8時間、木造家屋内（低減効果0.4）に16時間」と仮定した場合には、約0.19μSv/hとなる。

私たちが示している数値には自然に浴びる放射線量も含まれています。

注記：日本共産党東京都議団のホームページよりダウンロードできる。

これまでの被曝症例の中では、骨軟部がんは、広島・長崎被爆者、米軍兵士の入市・核実験被爆者、チェルノブイリ被曝者、トモダチ作戦兵士の症例中に認められている。とくに、肥田舜太郎氏が訳したドネル・ボードマン著『放射線の衝撃　低線量放射線の人間への影響（被爆者医療の手引き）』アヒンサー（2008年、原著1992年）によれば、骨がんはアメリカで「放射線被曝に関係があると公に認められている疾病」と規定されている。

　このことからも、福島と東京における骨軟部がんの増加も、放射線影響である可能性が十分に考えられる。

4　事故直後の東京東部の被曝状況を思い出しておこう

　池江選手の受けた被曝とそのリスクを考える上で、住んでいた江戸川区や練習拠点のスイミング施設のあった江東区の被曝状況、水道水の汚染状況を想起することが必要である。以下に、事故直後の重要な情報を掲げておく。

　事故直後の東京東部の放射線量については、図6、図7を参照されたい。線量が極めて高かったことがわかる。その状態は2015年まで続いている（表4）。

5　水道水の汚染

　雁屋哲氏がIOCへの公開状で書いているように、東京の水道水について事故後に深刻な放射能汚染があったし、鈴木論考が示しているように汚染は今も続いている。このことを忘れてはならない。つまり、飲料水としても、シャワーや風呂水としてもプールなどの水としても、水上で行われる競技に関連しても、水の汚染は続いているのである。以下に、今までに触れられていない典型的な事実をいくつか追加しておこう。

・都が乳児のいる家庭に水配布へ　水道水から放射性ヨウ素
　朝日新聞デジタル　2011年3月24日から引用しておく。
　「……東京都は23日（2011年3月）、金町浄水場（葛飾区）の水道水から1キロあたり210ベクレルの放射性ヨウ素を検出したと発表した。乳児の飲み水

図7 『週刊現代』誌による東京23区東部・千葉県西部の放射線量測定結果

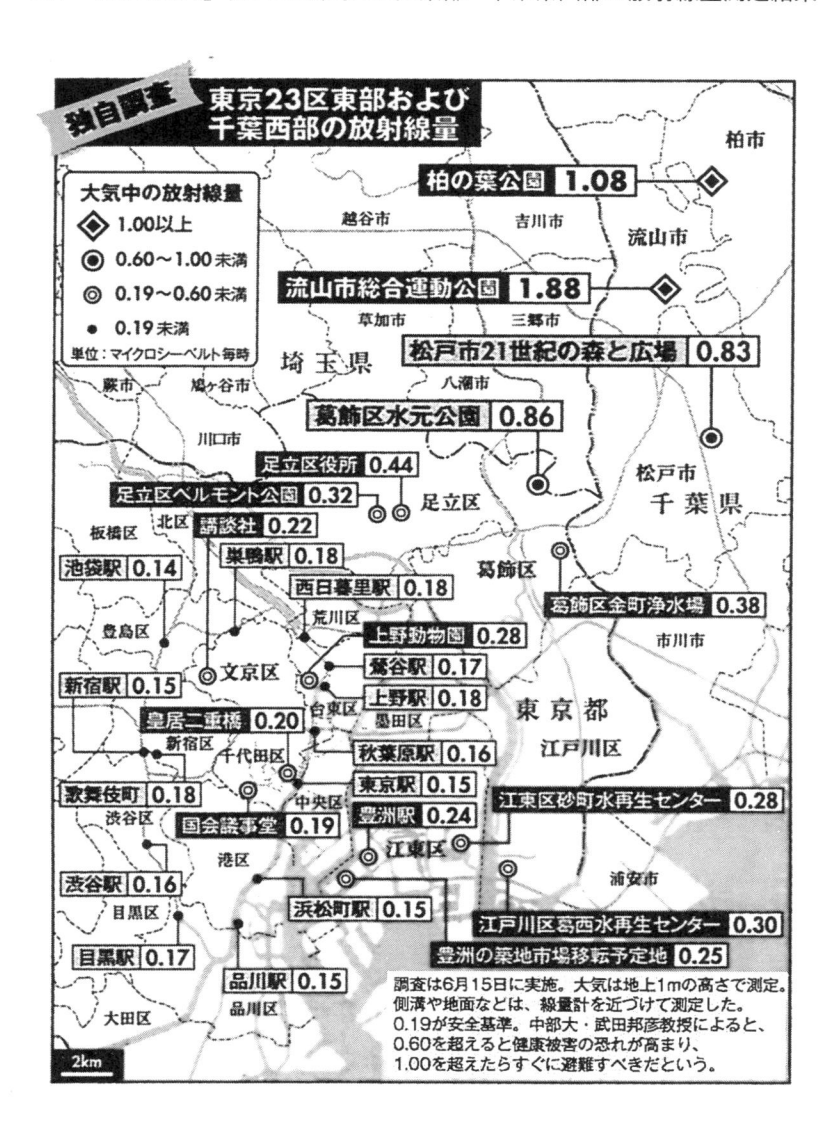

出典：『週刊現代』誌 2011 年 7 月 2 日号

表4　首都圏の主要地点における放射線量——2013 ～ 2015 年（単位：μSv/ 時）

	測定場所（詳細）	13年3～4月	14年7～8月	15年2～3月
駅・空港	JR東京駅（丸の内口業務用エレベータ脇）	0.26	0.26	0.23
	JR渋谷駅（ハチ公前広場）	0.25	0.27	0.29
	成田国際空港（第一ターミナル前のバイク置き場）	未測定	0.55	0.42
	羽田空港（第一ターミナル駐車場出口）	未測定	0.19	0.31
ビル	月島高層ビル群（東京住友ツインビルディング広場）	0.26	0.32	0.28
	恵比寿ガーデンプレイス（センター広場階段）	0.20	未測定	0.32
	サンシャインシティ（隣接の植え込み）	0.14	0.25	0.26
福島人が集まる所	東京電力本店（正門近くの緑地）	0.23	0.24	0.23
	フジテレビ（タクシー乗り場植え込み）	0.23	0.36	0.33
	東京ドーム（三塁側外壁廃棄物集積場）	0.28	1.88	1.32
	東京ディズニーランド（イクスピアリ前歩道）	未測定	0.63	0.41
	浅草寺（本堂階段横の側溝）	0.52	0.42	0.33
	早稲田大学（大講堂近くの平和祈念碑）	0.25	0.27	0.09
	東京スカイツリー（ソラマチひろば）	0.23	0.25	0.07
公園や広場	新宿中央公園（広場前の階段）	未測定	0.23	0.20
	皇居　（桜田門付近）	0.14	0.16	0.10
	上野恩賜公園（ラジオ体操広場）	0.29	0.79	0.33
	葛西臨海公園（下水トンネル横）	1.52	0.24	0.22
	港の見える丘公園（霧笛橋上［横浜市］）	未測定	0.19	0.18
川	多摩川河川敷（国道246号線橋脚下）	0.28	0.09	0.23

出典：桐島瞬「放射能は減っていない！首都圏の（危）要除染スポット」『フライデー』（講談社）2015 年 3 月 20 日号 87 ページ。政府の除染基準である毎時 0.23μSv 以上の数値は太字にしてある。2015 年は 3 回の測定値が記載されているが、ここでは 3 回分の平均値を掲載した。2013 年と 2014 年は桐島論文に記載されている数値である。

についての国の基準の2倍を超えるため、同浄水場から給水している東京23区と多摩地域の5市を対象に、乳児に水道水を与えるのを控えるよう呼びかけている。金町浄水場は利根川水系の江戸川から取水している。同じ利根川水系から取水している千葉県も同日、全域に同様の呼びかけを始めた」。

・浄水場の放射能汚染

　東京都水道局は、浄水場発生土（水道水をつくる過程で取り除かれた河川中の濁り［土砂］などを集めて脱水処理したもの）から高い放射能を検出していたことを発表している（同ホームページ「発生土の放射性物質の測定結果」）。最高値

は、2011年3月28日の金町浄水場（利根川・江戸川水系）で、ヨウ素131が8万8400Bq/kg、放射性セシウムが1万4650Bq/kgであった。汚染は現在でも続いており、最新の2019年3～4月の測定時に、小作浄水場を除く6カ所全ての浄水場から放射性セシウム16～67Bq/kgが検出されている（金町浄水場は67Bq/kg）。

・プールの使用や清掃による被曝リスク

国家公務員一般労働組合の組合員のブログ「すくらむ」から引用しよう。

「江戸川区は東京23区の中で唯一、中学校のプール清掃を子どもたちに行わせました。プール使用期間中の日常の清掃ではなく、プール開き前の清掃のことです」「1年間使用しなかったプールの水は、淀み、ヘドロでぬかるみます。…… 今年（2011年）の大きな問題は、福島原発事故から放出された放射性物質が降下物として沈殿しているプールだったということです」「江戸川区議会では、市民の声を受けた『放射性物質が降下物として沈殿しているプールを子どもたちに清掃させるのか』という質問に対して、江戸川区当局は『東京都福祉保健局の報告（新宿の学校プール1カ所のみの放射線測定）で、積算で1リットルの水を飲んだとしても安全だとされているので、影響ないと判断している』と答弁。多田江戸川区長は、『自分たちが使用するプール清掃を子どもが行うのは教育活動として当然』などと強弁して、江戸川区内中学校のプールの放射線測定も一切しないまま、子どもたちにプール清掃を行わせました」。

上記の浄水場発生土の放射能汚染の数値から見て、このプールに沈殿していた泥土の放射線量は極めて高かったはずである（上記金町浄水場のセシウムのデータを3月分から5月分で合計すると約3万750Bq/kg）。江戸川区長や江戸川区当局の責任は重大である。池江選手はまだ小学生でこの清掃には参加していないであろうが、プールの日常的な使用も清掃も被曝リスクが避けられない状態にあったことは明らかである。

6　日本政府の白血病労災認定基準と白血病発症

政府は「電離放射線障害に係わる疾病の業務上外の認定基準について」

（1976年11月8日付）の労働基準局長通達において、白血病の労災認定基準を決めている。それは、①5mSv×従事年数、②被曝開始後1年以上経過して発症、というものである。①の場合、「従事年数」は1年でも認められており、実際に5.2mSvの被曝で白血病が労災認定されている事例がある（石丸小四郎ほか『福島原発と被曝労働』明石書店、2013年、232ページ）。

市民と科学者の内部被曝問題研究会員の小柴信子氏の実測によれば、事故直後、江戸川区内で最高0.72μSv/hが測定された箇所があったという。事故前を0.035μSv/hと仮定すると、年間6mSv程の被曝量になる。表4の桐島らの江戸川区葛西臨海公園での測定データ（2013年3〜4月で1.52μSv/h）によれば、年間で13mSvの被曝量である。これらの測定からは、江戸川区での年間被曝量が5mSvレベルを上回った可能性が十分に示唆される。

しかも、子供の放射線感受性の高さ（ICRPでも平均の2〜3倍、ゴフマン氏では5.4〜15.2倍）を考慮すれば、年間の被曝量が0.3〜2.5mSvあれば、成人で年間5mSv以上の被曝に相当する量に達していた可能性がある。

政府は「1年間」と限定しているが、実際には放射線影響は蓄積されていくので、「年間」でなくとも「累積」で5mSvの被曝により、同じように白血病が発症するリスクが高まる水準に達する可能性も考えられる。この点もまた政府の労災認定基準により示唆されていると言うべきであろう。

7　白血病の予後について

最近、マスコミの宣伝では、白血病になっても死亡率は低く予後は良好ということが強調されている。たとえば『読売新聞』は「10歳代後半の白血病は抗がん剤を組み合わせた治療などで7割が完治する」と書いている（2019年2月13日号）。今後の多発を予想して、「白血病になっても大したことではない」ように世論を操作しようという意図が示されている。これは、今まで甲状腺がんについて行われてきたのと同じ種類の宣伝である。だが、本当であろうか？

読売の書いているとおりとしても、医学の進歩により全くの不治の病ではなくなったということであって、残りの3割は完治し「ない」すなわち不治あるいは致死ということを意味している。すなわち、白血病が依然として深

刻な病気であることを示している。白血病の年間新規患者数（最新の統計では2014年1万2194人）に対する白血病死亡者数（最新の統計2016年で8801人）の割合は72.1％である。死亡率は決して低くない。

8　児童生徒の精神発達の障害が広範囲に生じている

　日本政府の被曝影響全否定論の最も危険な側面の1つは、子供に対する被曝影響の全否定である。ここでは子供の精神的発達に対する被曝の影響について最新のデータを検討しよう。

　胎内被曝によって引き起こされる精神発達遅滞（現在の表現では発達障害）については、すでに原爆被爆者調査などにおいて関連が指摘されている。福島原発事故における子供の精神発達に対する被曝の影響を示唆するデータが出てきつつある。

　福島県が発表している「学校統計要覧　平成29年度（2017年度）」では、小

図8　福島県学校基本統計に見られる特別支援を要する児童数（自閉症・情緒障害）

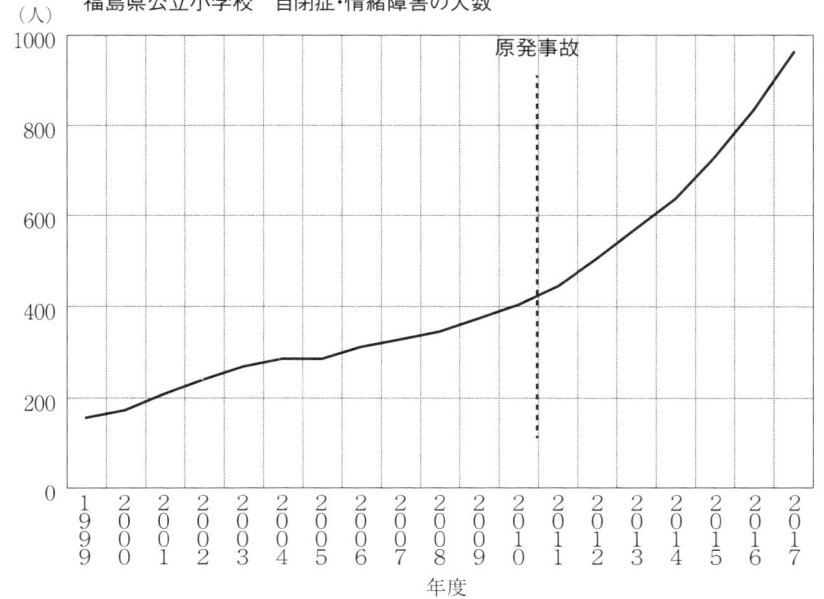

福島県公立小学校　自閉症・情緒障害の人数

出典：福島県「学校基本統計調査」各年度版

学校での「特別支援」の児童・生徒数は、事故前の2010年度の1,211人から事故6年後の2017年度までに2,270人へと1.87倍に、中学校では同期間に607人から923人へと1.52倍に増えている。そのうち「知的障害」では小学校で同期間に864人から1,289人へと1.49倍に、中学校では466人から585人へと1.26倍に、「自閉症・情緒障害」では増加はさらに顕著であり、小学校で332人から950人へと2.86倍に、中学校では127人から332人へと2.61倍に増えている。小学校での事故後7年間の増加率2.86倍は、事故前7年間の増加率1.78倍からの明らかな加速化が見られる（図8）。事故前からの増加については、神経影響が指摘されているネオニコチノイド系の農薬の使用拡大などが大きいと考えられるが、事故後は、それとあわせて、放射線被曝との関連が複合的に付け加わったと考えられる。被曝による「精神発達遅滞」の徴候は、福島県自身の学校統計調査によってさえ、はっきり示されている。

福島県において子供の精神的な障害が多発していることは、すでに周知のこととなっている。これまで「風評被害」をさかんに攻撃してきた読売系の『福島民友』紙は、次のように書いて「子供を取り巻く問題の深刻化」を認め「今後も患者数は増える」と予測している。「（福島）県立矢吹病院（矢吹町）にある精神科子ども専門外来『児童思春期外来』の昨年度の延べ患者数は2270人で、過去最多を更新したことが県のまとめで分かった。県は、医師を増員して診察日を増やしたことや子どもを取り巻く問題の深刻化などが要因と分析。今後も患者数は増えると見込み、医療スタッフの増員などさらなる対応力の強化を急ぐ」と[1]。

福島県内や周辺諸県において幼稚園や保育所での綿密な調査を行えば、胎内被曝についてもはっきりその傾向が現れている可能性がある。子供の発達障害が問題になっているのであるから、数十年にわたる長期的で系統的な調査を行うことが必要である。日本政府は、そのような必要性を提起することもせずに、胎児被害が「ない」ことが今の段階ですでに「証明された」と一方的に断定しているが、そのような主張は、デマ以外の何物でもない。

---

1 「『精神科子ども外来』患者増加対応急ぐ　県立矢吹病院で過去最多」福島民友2018年12月16日ネット

図9　福島県立矢吹病院の患者数の推移

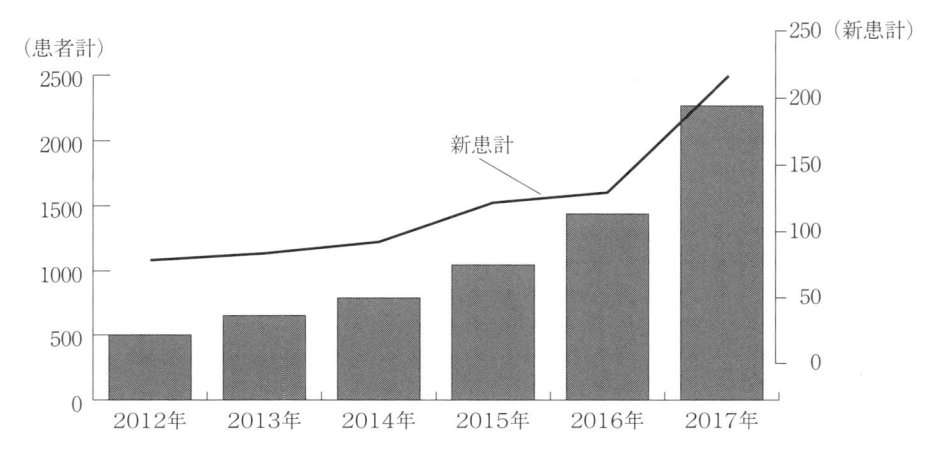

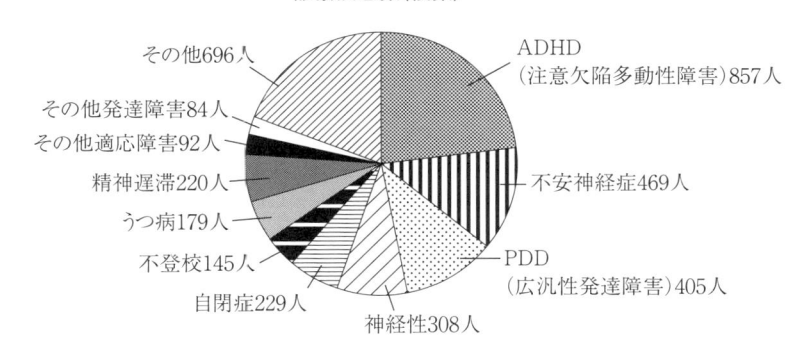

診察疾患数（複数）

出典：「『精神科子ども外来』患者増加対応急ぐ　県立矢吹病院で過去最多」2018 年 12 月 16 日
　　　福島民友ネット版

第3章
東京電力福島第一原発事故後の子ども達の尿を測定

斉藤さちこ

ここでは、斉藤さちこ（南福崎土地株式会社測定室）・山内知也（神戸大学大学院海事科学研究科教授）「東京電力福島第一原発事故後の延べ100人の子どもの尿中の放射性セシウム濃度測定結果」（2017年6月16日『神戸大学大学院海事科学研究科紀要』所収）を、事情により寄稿ではなく、斉藤氏へのメールでのインタビューに基づいて再構成し紹介する（構成：渡辺悦司）。

1　尿中放射性セシウムの測定

　原発事故の翌年2012年、同論文の著者のひとりである斉藤氏は、市民団体で作る「京都・市民放射能測定所」の立ち上げに参加し、放射能のことや、内部被曝を学ぶ日々を送った。その後、大阪市内で㈱テクノエーピー社製TG150Bゲルマニウム（Ge）半導体検出器を使用して様々な検体を測定してきた。同氏は、測定をする中で、東日本の子ども達の内部被曝が気にかかったという。食べている食材は様々で、気を付けている親もいれば、そうでない親もいるからだ。そこで、2014年に、福島のお母さん・お父さん達と一緒に尿中のセシウムを測定しようと「こどもエイド」を立ち上げ、2年間計測した。事故から3年が経過しており「セシウムは検出されないのでは」と思いながらも、調べずにはいれなかったという。

　測定方法としては、蓄尿は24時間尿を基本とし、1Lマリネリ容器に入れ、48時間測定をした。検出限界値はおよそ0.1Bq/Lとなり、この場合スペクトル上にピークが見えていても検出限界値未満は「不検出」となるという。福島県内から協力していただいた小児は37人で、参加時の年齢は3歳から16歳、男女比はほぼ同数。単発で測定した小児および継続的に測定した小児の

延べ人数は75人。あと、福島県いわき市に隣接する北茨城市の子ども1人（13歳男子）と、2016年より1年間、比較対象として西日本の子どもら25名の尿を測定した。西日本の子ども達の内訳は、滋賀1名、京都4名、大阪5名、奈良4名、兵庫10名、大分1名の25名。すべて単発の測定で、参加時の年齢は2歳から17歳、男女比はこちらもほぼ同数である。

　放射能測定は「不確かさ」が存在するため、神戸大学大学院海事科学研究科の山内知也氏が協力した。さらに京都大学複合原子力科学研究所の今中哲二氏にアドバイザーとして教示と協力をお願いしたという。

　まず、西日本の子ども達の結果は、25名中24名が未検出であり、大分県の子ども1名のみスペクトル画面上にピークが見られた。24名の子ども達は、福島県からの避難者もいて、原発事故後に食材に気をつけている母親がほとんどであった。ピークのあった子どもに関しては食材の流通や福島県より遠いということもあって、食材にはさほど気を使っていなかった可能性も関係しているのではないかと考えられる。

　下記の図1は福島県の子ども達のセシウム濃度のグラフである。

図1　福島県の子ども尿中放射性セシウム濃度

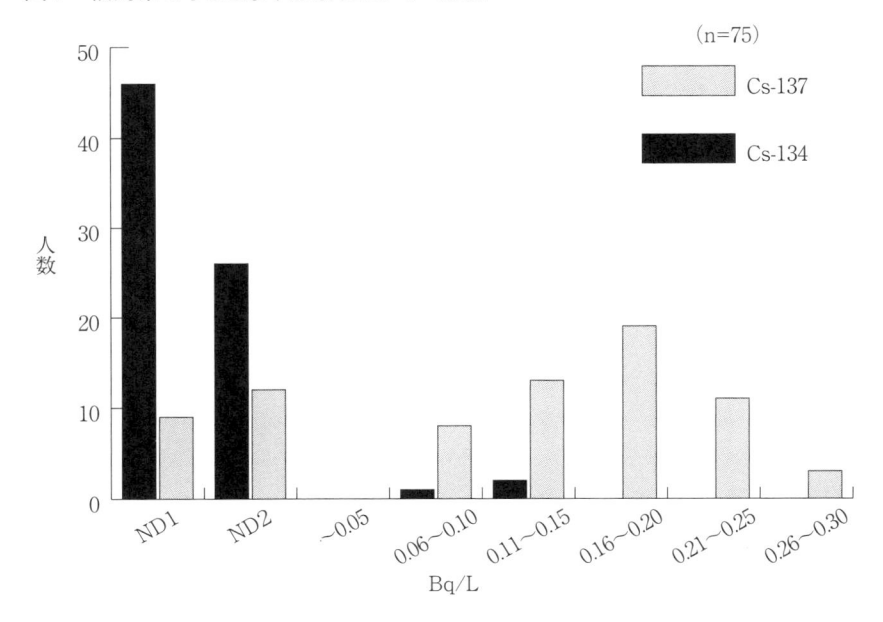

Cs-134は2014年時には数名の子どもから検出されたが、翌年からは未検出となった。Cs-137で着目すると、最頻値は0.16から0.20Bq/Lであり、最大値は0.30Bq/Lであった。検出されたのは75検体中54検体、不検出（ND1）もしくはスペクトル上で検出（ND2）が見られたのが21検体であった。7割もの子どもの尿から放射性Cs-137が検出された。体内に取り込んだ放射性セシウムは、季節や体内濃縮の過程で濃度が変動するということを聞き、2年目（2015年から2016年）からは尿の比重補正も行うことにした。結果、セシウム値が上がり下がりはしたものの最頻値は0.21Bq/Lであり、補正前と比べても大きくは影響しなかった。

　図2グレー線は、福島第一原発から北西におよそ60km離れた福島市に在住する女児10歳のケースである。2014年4月の最初の測定から4カ月後には値は下がるが、その6カ月後には増加し、さらに5カ月後には低下している。体内に取り込んでは尿で排出という感じである。

　図2黒線は、福島第一原発より西北西に約60km離れた二本松市に在住の測定時5歳の男児である。最も高い測定値が現れている。1年と2カ月にわたる計測であったが、女児と同様に体内中に一定量のセシウムを採取しているのではないかと考えられるケースである。

　ICRPのPubl.67にあるTable C-8.1によると5歳児の生物学的半減期は30日とされている。10歳児で50日となっている。これを踏まえて考えると、2人の小児は継続的にセシウムを経口しているという結論になる。

2　北茨城市男児の継続測定

　2年間にわたり福島県の子ども達の尿を測定し終了したわけだが、茨城県北茨城市の男児の測定は現在も継続中である。測定当時13歳の男児も20歳（2019年現在）になる。図3は2014年から2018年までの5年間の尿中セシウム濃度の推移である。

　放射能は県境で止まることはない。確実に関東地区にも、放射性プルームは拡散され雨や雪などにより降下し土壌吸着している。そして、値は下がりつつも未だにセシウムを何らかの要因で取り込んでいるという事実が数値に

図2　継続測定の推移

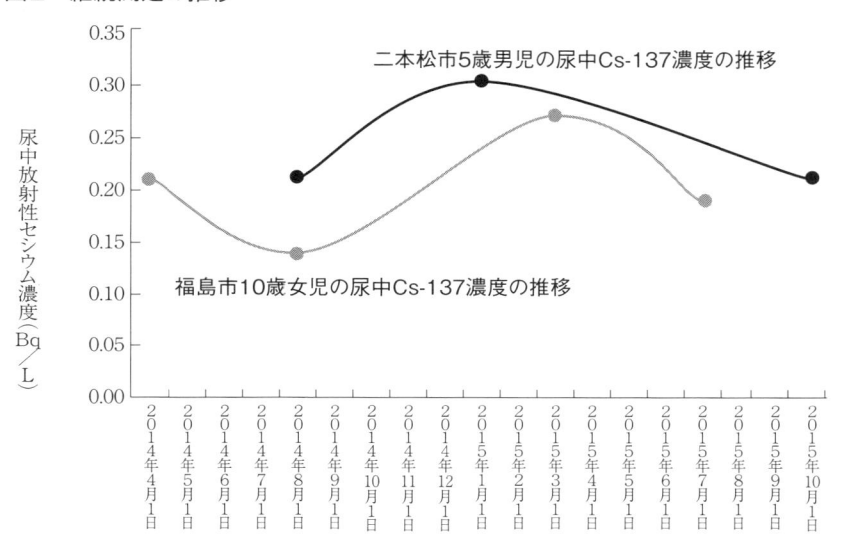

二本松市5歳男児の尿中Cs-137濃度の推移

福島市10歳女児の尿中Cs-137濃度の推移

図3　2014 〜 2018年までの北茨城市の男児の推移表

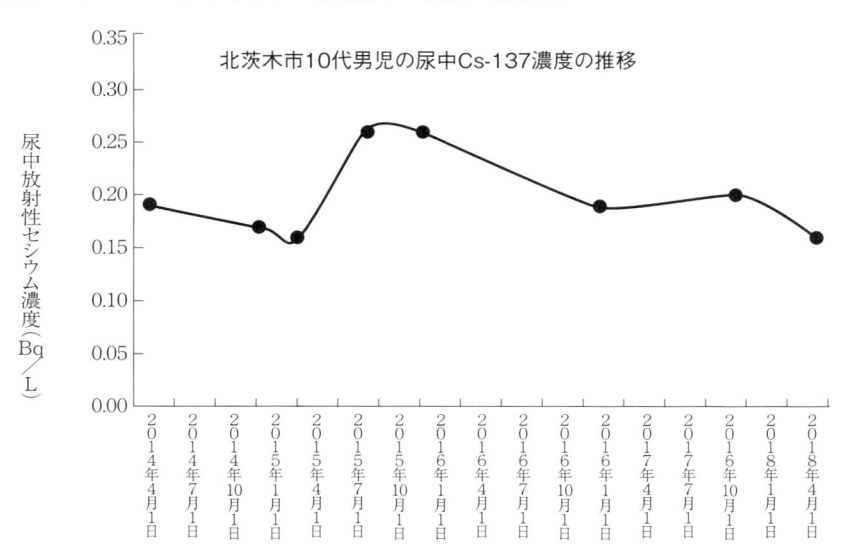

北茨木市10代男児の尿中Cs-137濃度の推移

より浮き彫りになっている[1]。

　2020年には東京オリンピックが開催される。まだ復興どころか原発事故の収束もしていないのに、野球とソフトボールが福島市で開催されることが公式に決まった。「各個人が本能的直感に従って自分自身や家族を守る手段を身につけて欲しいと願う」と、斉藤氏は強調している。

第4章
避難者の被曝影響と思われる症状

福島敦子　羽石敦　下澤陽子　園良太　鈴木絹江

1　避難者として福島原発事故時からの体調をふり返って

福島敦子（福島から避難）

　2011年3月11日から始まった福島第一原子力発電所の爆発事故は、福島県民や近隣都県に住む人々のあたり前にまっとうしたであろう寿命を確実に縮めている。

　原子力発電所の「爆発事故」というよりは、国と大企業である東京電力が共同で仕組んだ「原発爆発事件」というべき状況が、今私たちの目の前にある。収束する見通しもなく、廃炉作業もほとんど進んでいない。せっかく除染で集めた土を掘り返し再利用するといった「寝た子を叩き起こす」かのような暴挙といえる計画を立て、地元住民の声もろくに聞かず実証実験を強行、放射性物質がたくさん含まれた汚染土壌の拡散を進めている。その中で、福島県や近隣都県の人々は正しい情報を手に入れることも困難なまま、拡散し放題の放射性物質の舞う環境下、無防備のまま日常の生活を強いられている。

原発賠償近畿訴訟団第1回交流会で発言する福島敦子さん（2014年10月12日）

原発爆発事件後、国や行政は、放射性物質の拡散による被ばくから逃れるために避難した人々からの、経済的な困窮や子ども達の生活の安定を求めて請願を続けた避難者の声を確かに把握しているはずである。にもかかわらず、「避難者は自立することが必要だ」という見当違いの理由を盾に住宅を奪い、出ていけない避難者へは家賃を不当に倍増させるなどして、避難元へ帰れと言わんばかりに、静かに、着実に、心無く「避難者用住宅の提供」を打ち切った。この状況は、自主的に避難した人々だけではない。今年2019年4月には、福島第一原子力発電所がある大熊町の避難指示区域のうち避難指示解除準備区域である一部地域が解除され、高く汚染されている地域の住民でさえも住宅問題や、補助金の打ち切りなどで生活基盤はもとより心身ともに追い込まれている。

　さて私は、2011年3月12日を境に、福島県南相馬市から現在は京都府京田辺市へと居を転々としながら避難を継続している。京都府が提供してくれた避難者用の応急仮設住宅へと移り、子ども2人を育てるためにフルタイムで働きながら、初めての土地で一日でも早く慣れるよう努力してきた。子ども達が、生き生きと過ごしていた南相馬市での日常との変化はなるべく少ないように、際限なく気くばりしながら京都の地で今日まで生きてきた。

　ここで、寄稿にあたり「きっかけ」とでもいうべき出来事を紹介したい。2018年5月20日に参加した第3回目になる「被爆2世・3世交流と連帯の集い」である。これは、2012年に結成された京都「被爆2世・3世の会」が中心となり開催された全国交流会だった。京都「被爆2世・3世の会」とは、親や祖父母が広島県や長崎県に落とされた原爆による被爆者であり、自らの健康や暮らしを守るとともに、二度とあのような惨劇が起こらないように、核兵器をなくし平和な世界を実現するために活動している団体である。私たちの原発爆発事件の被害者へ特別な思いを寄せてくださっている。

　2日目に分科会があり、私は「被爆2世・3世の健康問題と対策について話し合う」というテーマの分科会へ参加した。みなさんの自己紹介を兼ねた幼少期からの健康実態と状態の話を聞いていると、共通する部分がたくさんあった。「際限なく気くばりしながら」生きてきたはずが何気なく過ごしてきたのではないかと反省する部分、たくさんの気づきがその分科会にはあった。たとえば、幼児の頃から大量の鼻血をよく出していた、幼い頃は乗り物

酔いがひどかった、普段は元気でも運動した後はすごい湿疹が出ていた、疲れると甲状腺が腫れる、若い頃は結婚も出産も諦めていた、兄弟がいたけれども死産だった、生爪がはがれたなどの話が出た。

　鼻血に関しては2011年3月中旬にいた福島市の避難所でも私を含め同時に3名が鼻血を出していたことがあった。4月に京都府へ再避難した後も、入浴中に何の痛みもなく両足小指の生爪がはがれたことがあり、その時を思い出した瞬間でもあった。2人の娘は、避難してすぐ視力が著しく低下し、眼鏡が必要となった。上の娘はアトピー性皮膚炎がより深刻になった。下の娘は、土壌測定のために南相馬市実家の庭の土を玄関に置いた時から顔が腫れ始めた。私も、南相馬市へ帰るたびに、花粉症に似た症状が出るようになった。最近、この症状を「放射線アレルギー」と呼ぶそうだ。

　そういった話を聴く体験や、折を見て参加していた各地での公害関連の健康被害の実態や疫学、世界の原発事故に関する被害などの学習会で学んだことは、まずはじめに、この原発爆発事件による被害者の健康被害の状況の把握・収集が必要不可欠であるということだった。その基礎の上に、その被害を補償する施策の策定を円滑に進め、被害の収束はもちろん、私たちのような「被ばく者」が二度と出ないようにすること、「被ばく者」が安定して暮らせる未来につなげていけるようにしないといけないと考えるようになった。

　これから、原発爆発事件から丸8年を経た私や2人の娘の時々の健康状態について書き綴るわけだが、ここで、先人である被爆者のみなさんの健康被害の実態もなかなか表に出てこない理由が理解できる心境になってきた。「身体」とりわけ五臓六腑に関することを「包み隠すことなく、ありのままに、読者に開示する」というのは勇気と並々ならぬ覚悟がいるものである。それでも、それが「原発爆発事件がなかったこと」にされないように、データが積み重なり、一人一人の気づきになり、みなさんの健康留意につながっていくのであれば幸いである。

［2011年3月13日から4月1日まで］

・避難所（福島市飯坂町）では、出かけるときは筆者、娘2人は使い捨てマスクを着用し、帽子をかぶった。
・筆者の主な避難所での自覚症状：常時酔うような感覚、15日に鼻血が出

る、軟便が続く。

・上の娘、15日にうがい薬を安定ヨウ素剤の代わりにキャップ1杯飲む。中旬ごろに1週間ほど首が回らなくなる（寝違えたような症状、湿布で対処）。

［2011年初夏ごろ］

・上の娘（県民健康管理調査「こころの健康度・生活習慣に関する調査」）――夢遊病が激しく、京都南部にある児童相談所に数回通いアドバイスを受けた。

［2012年2月］

・2人の娘（地元医院検査）――ALP値（アルカリフォスファターゼの値で肝臓・骨・小腸などの組織損傷の指標）が基準値より2倍以上の高値。白血球分類では好中球が基準値以下。リンパ球が基準値超（下娘のみ）、異形リンパ球は基準値超（下娘のみ）。

・筆者（2人の娘と同時に地元医院検査）――γG値（ガンマグロブリン）／TTT値／ZTT値（肝機能の指標）が基準値超。ヘモグロビン量／ヘマトクリット値／MCV値／MCH値／MCHC値（赤血球の機能や能力の指標）が基準値以下。白血球分類では好中球が基準値以下、異形リンパ球は基準値超。

［2012年3月］

・2人の娘（県民健康管理調査「小児健康診査」）――白血球分類では好中球が基準値以下、好酸球が基準値超（上娘）、好酸球が基準値以下（下娘）、リンパ球は基準値超。

［2012年12月］

・2人の娘（県民健康管理調査「小児健康診査」）――HbF値（ヘモグロビンF値）が基準値超（上娘のみ）、好中球が基準値以下（下娘のみ）、リンパ球は基準値超（下娘のみ）。

・筆者（県民健康管理調査「健診」）――血色素量／ヘマトクリット値が基準値以下。

［2013年初夏］

・筆者、朝、車運転中に睡魔に襲われ対向車に接触事故、けがなし。

［2013年10月］

・筆者、憩室炎（風船状の袋・憩室に炎症または感染症が起きた状態、結腸が多い）により9日間の入院、貧血も治療。

[2013年12月]
・2人の娘と筆者（福島県）——結果は預託実効線量で1mSv未満。体表面検査は体表面汚染なし、全身検査では立位型WBC／120秒測定、Cs-134測定されず（検出限界150Bq）、Cs-137測定されず（検出限界170Bq）

[2014年5月]
・下の娘——まぶたを中心に顔が腫れる。アレルギーの検査をするも原因不明。

[2015年8月]
・2人の娘（県民健康調査甲状腺検査）——A2判定。

[2016年2月]
・筆者——子宮筋腫による腹式単純子宮全摘術で約2週間の入院（2010年に子宮筋腫のため筋腫のレーザーによる摘出手術を受けている）

[2017年1月]
・2人の娘（県民健康調査甲状腺検査）——A2判定

[2017年9月]
・2人の娘（県民健康調査甲状腺検査確認のため地元病院検査）——A2判定、好酸球が基準値超（上娘）
・筆者（地元病院検査）——（甲状腺に）結節様所見あり

[2019年4月]
・2人の娘（県民健康調査甲状腺検査確認のため地元病院検査）——A2判定。
・筆者（地元病院検査）——結節あり、現在は様子見。

2　私の健康被害

羽石敦（茨城県より避難）

　2011年3月11日の1週間後に、茨城県ひたちなか市（福島原発から約100km、東海原発から10km圏内）から大阪に避難した。

　2011年5月に、初めて帯状疱疹になった。被曝による免疫低下が考えられる。

2012年大阪の福島のガレキ焼却時、鼻血が出た。当時、夢洲（ゆめしま）の焼却炉から、約10 km地点に自宅があった。

　2013年の甲状腺のエコー検査では、数ミリ程度の嚢胞（のうほう）がひとつ見つかりA判定を受けた。

　2016年10月、避難から約5年半ぶりに東京に行く。新幹線に乗ると喉が痛くなり始めた。喉の痛みは東京滞在中ずっと続いた。

　その後、避難元の茨城県に帰るたびに、頭痛と喉の痛みがする。なぜか親指の付け根や関節も痛くなる。短期記憶が度々飛んだりする。

　2017年10月、生業訴訟判決傍聴のため、初めて福島県に行く。大阪に帰った後、2週間体調を崩し風邪を引き寝込む。引いたり治ったりを3回ぐらい繰り返す。完治したはずの、小児喘息の症状が、約20年ぶりに出た。

3　オリンピックをする東京は、私たちの帰れないふるさとです
下澤陽子（東京から避難）

笑顔の安倍首相、病んでいく娘

2013年夏。2020年のオリンピックの開催地が東京に決まった時、私は東京の我が家にいました。テレビでは安倍首相が両手を広げ、状況はコントロールされていると福島第一原発事故について話していました。東京には、いかなる悪影響にしろこれまで及ぼした事はなく、今後とも、及ぼす事はない、健康問題については今までも現在もそして将来も全く問題ないと、笑顔でなめらかに話していました。

　そのとき、私の隣には次第に調子を崩し、健康を失っていく8歳になろうとする娘がいました。

　「気持ち悪い。力が出ない……。」

下澤陽子さん

「だるい、頭が痛い、お腹が痛い、足が痛くて歩けない、手が痛い指先まで全部痛い、寒い、顔が熱い、お母さんつらい」

事故後、そんな症状に周期的に悩まされるようになり、それは次第にひどくなり、良くなる気配がありませんでした。

私は原発については全くの無知でした。事故後にハタ、と目覚め、しゃかりきに情報を集め本を読み、様々なことを知るようになったのと、娘の具合がおかしくなるのはちょうど並行していました。そして内部被ばくについて、色々と知り始めた時、初めてこの娘の異変と放射能の問題を結びつけたのです。

まさか、東京で被ばく？

確信などありませんでした。まさか被ばく影響？　東京で？　そうした懸念は医者には相手にされず、なぜか叱られることになったし、夫は笑い最後にはいつも怒りケンカになりました。友人には一切話せませんでした。「全く問題ありません」笑顔とともに話される安倍首相の言葉は、東京に住む私たちの常識、満ちる空気のようなものですから。

わからない。何に苦しんでいるのか、なぜ苦しんでいるのか。何をしたら良いのか、わからない。いつまでこれが続くのか、元気になる日が来るのか、先も見えない。辛い日々。それは、いわば原爆ぶらぶら病のような症状でした。5歳まで健康そのものだった娘です。人一倍体力があり、朝から晩まで毎日外遊びをしているような子でした。

安倍首相の話す、Under Controlというとてつもない嘘に衝撃を受けましたが、「健康問題については今までも現在もそして将来も全く問題ない」この言葉には愕然としました。そのときまだ、娘の健康被害の確信があったわけではないですが、私にとり健康問題は今まさに起きている我が子の問題でした。娘のことを知らない首相に笑顔で語ってほしくはありませんでした。娘もろとも押しつぶされ切り捨てられて行くような感覚を持ちました。このオリンピックは絶対に許さない。私は以来、変わることなく心に刻み続けています。こうして、原発事故とその被害を押しつぶし切り棄てていくためのオリンピックなんだと思いました。笑顔で切り棄て「復興」とやらを見せるためのオリンピックだ、と直感しました。

娘はこの半年後、とうとう1日も回復できない状態になりました。学校へは行けない、友達とも遊べない、ひどい時はトイレにもひとりで行けない。それは原発事故から3年が経った時でした。

汚染のない所へ行くと、回復する！

　そんな時、関東で唯一、被曝の問題に真摯に取り組まれていた、三田茂医師と出会いました。具合の悪い子が西日本などの汚染のない場所へ転地をすると、子供によってはメキメキ元気になったり、血液の数値が急激に改善されたりすると聞きました。

　先生は、移住、移転を1カ月後に控えており、その地元最後の講演会に、私たちはギリギリで間に合いました。娘のことを、それは被曝の影響だと思うとはっきり言われました。ショック？　というより、私が感じたのは深い安堵でした。ああ、やっとこれでこのことに向き合える、回復への道を探れる、という。保養、移住、汚染のない場所へ動くことを、先生に勧められました。

　私たちはすぐさま、娘を夫の実家のある富山へと動かしました。そして奇跡が起きました。トイレへ行くにも負ぶっていた娘は、数日後、徒歩15分の海まで歩き、プールで泳いでいました。いつも何をしていても気持ちが悪い、身体が痛い、と泣かれ、学校はおろか全く外へ出ることができなかった子が1カ月を過ごした後の、奇跡でした。

　同じ事は沖縄でも、後の移住先となる神戸でも起きました。そして、東京の我が家に戻ると、だめになる。1週間してだめなる、早いときは戻った夜にもう、だめになる。

　いったん元気を取り戻した娘が、

「疲れすぎて宿題が出来ない」

「お母さんがっかりするから、気持ち悪いって言えなかった」

　再び症状の波に飲み込まれていくときの悲しさ、ポロポロと泣いていた娘の姿、忘れることはないです。

首都圏で、被ばくによる「能力減退症」増加

　こうして、転地保養したとき以外、1日足りとも元気を取り戻すことのな

い日々を4カ月ほど送った後、私達は家族で神戸へと移住しました。母子避難から始まる他の多くの関東からの避難者と違い、初めから家族移住で、経済的に困窮することは避けられた私達は、縁もゆかりもなかった神戸にすぐに馴染み、生活は順調に滑り出しました。なによりも、娘がメキメキと蘇り、今までの分を取り戻すかのように沢山の友達と遊び回る姿は奇跡を見るようで、感謝の思いでした。

娘の体に、何が起きていたのか。そして今私たちの体に何が起きているのか。私は、移住後、岡山の三田医院での診察と検査により、少しずつ知っていきました。脳下垂体ホルモンの検査を繰り返し、被ばくの、脳、という大切な場所への影響を知りました。

娘を含めた私たち親子に起きているこのホルモンの低下は、首都圏の多くの人たちに起きている事でもあるといいます。私たち親子はとりあえずは健康です。ですが、そうしたホルモン低下とともに生活に差し支えるような、意欲、思考力、記憶力の低下、それから病気と戦う力の低下などの深刻な症状に悩まされている人たちは増えている、と三田茂先生は話されます。「能力減退症」——先生はそんなふうに名付けています。

私達は取り戻せるのか。それは誰にもわからない。私たちはずっと実験台です。今、実験台に乗るこの国の多くの人たちは、取り戻すために知恵と力を合わせるのではなく、その真逆の方向に全力で走らされています。

東京は、私が生まれ育ち、子育てをし、人生を過ごしてきたところです。親も兄弟も友人もいるところです。そんな故郷への郷愁の全ては、跡形もなく吹き飛ばされました。

私は帰れません。帰りたい、とさえ思えません。それほどに、娘との最後の東京での4カ月は、強烈な経験でした。そして今向き合っている脳下垂体ホルモンの検査結果は、むごく、逃れようのない現実です。

それは、見えない匂わない感じない、放射能の存在の恐ろしさ、です。そしてそれだけではありません。身を切られるような私の危機感が、私の周りの親しいもの達と、ほぼ誰とも、全く共有できないことの恐ろしさです。

オリンピックは悲しい未来をもたらす
2020年が近づくにつれ、形容のしようのない、気持ちの悪さに包まれてい

きます。娘がもう、二度と足を踏み入れることの出来ない、その土地で。多くの人たちが母子で、家族で避難してきたその土地で。子どもを守るために、自らの身を守るために、健康被害に苛まれ明日を元気に生きるために逃げてきた、その土地で。本当にオリンピックをしますか？

　私が生きてきたふるさとは、汚されてしまいました。あることをないことには、なかったことには、出来ません。私たちは、目隠しをさせられています、進行中の原発事故に、東日本全域に及ぶ放射能汚染に。そうして、私達の歩む先に、何か集大成のように、このオリンピックが置かれてしまいました。

　復興、再生のオリンピックですか。オリンピックは希望ですか、未来ですか。傷ついた子どもの身体に、痛む自分の身体に、目隠しをされて、オリンピックにどんな希望を、どんな未来を、見ますか。目隠しされたまま、世界に「復興」を見せるためのオリンピックに邁進しますか。一体誰のために？何のために？

　私は我が子に頭をがつんと殴られました。目隠しが落ちました。だからこの目隠しの存在を知りました。この目隠しがあるから、私たちは私たちの大切なものを、被ばくから守ることができないのです。それが、どれほど悲しい未来をもたらすのか、過去における核爆弾、核事故、核災害、核実験から、本当は私たちは学ぼうとすれば学ぶことができるはずなのです。そして私の子はそのことの片鱗を体で教えてくれています。

　このオリンピックは史上最大の、最後の目隠しです。こんな目隠しはかなぐり捨てましょう。私たちは授かった自らの本来の体で、自らの人生を生きたいと願います。子供たちが元気な笑顔で走り回る明日を取り戻すために、私たち大人はあらゆる垣根を越えて手をつなぎ力を合わせましょう。

　私はこのオリンピックを許しません。

4　東京出身の避難者／活動家として東京五輪に反対する
園良太（東京から大阪へ避難）

　私は東京で生まれ育ち、2002年から若い世代の反戦・反差別・労働運動などに参加し始めた。原発事故直後からは「東電前アクション」を開始し、何

度も不当逮捕されながらも活動を続けた。だが2015年夏に心臓の不整脈を発病し、何度も倒れて寝込み続け、被ばくの影響ではないかと考えた。そこで悩んだ末に家族・仲間に別れを告げて2016年末に大阪へ避難移住した。

　心身は回復し不整脈は出なくなった。そして自分の経験をもとに、関西の避難者たちと「Go West, Come West!!! 3.11東北・関東 放射能汚染からの避難者と仲間たち」[1]を立ち上げ、被ばく被害を訴え避難政策を求める集会やデモを行なってきた。現在は、新たに避難を希望する人への支援が官民ともに絶無であるため、下見・引越しの交通費支援や住宅紹介、関西案内も行なっている。

　東京五輪に対しても、五輪そのものが国家主義・能力主義・再開発と貧困層排除が目的であることと、今回は特に「史上最悪」の原発事故被害を隠す目的であることから反対してきた。東京の放射能汚染もこの身で感じている。だが決まった瞬間「まさか」と思った。国際社会が空前の放射能被害を完全無視するとは思えなかったからだ。甘かった。福島に事務所を開いたIAEAに代表される核の国際勢力が、総力で放射能被害を隠しにきているのは明白だ。

　五輪決定の前から、日本政府とIAEAは「復興・帰還政策」で避難者の存在も放射能被害もタブー化していた。その根源は「世界屈指の人口密集地の近くで原発事故が起きても、人間はみな住める、現に住んでいる、五輪も出来る」という既成事

園良太さん

1　注記：「Go West, Come West!!! 3.11東北・関東 放射能汚染からの避難者と仲間たち」のサイトアドレスは以下の通り。関心のある方はぜひ訪れていただきたい。
　https://www.gowest-comewest.net/

実作りである。次にどこで原発事故が起きても、小型核兵器が世界で使用されても、放射能被害はない、大規模避難も必要ない、とするためだ。まさに東日本は未曾有の実験台にされており、大勢の住民が飲み込まれている。

　ある避難者は欧州の活動家に「日本の左翼の放射能問題に対するスタンスが見えない」とも言われたそうだ。残念ながら事実であり、「被ばく反対・避難が必要」という社会的な訴えがほぼ皆無ということだ。そうなった理由と打開策は今後の世界共通の課題になると思うため、日本と世界の仲間に向けて考え、伝えたい。

①国は避難区域を極めて狭く設定し、わずかな人間しか避難させなかった。「被害は福島のごく一部」と思わせ、他の東北・関東は無関係と思わせた。

②国は「がんばろう日本・福島」を連呼し、福島県では被害を訴える者は「復興」の裏切り者扱いをされるように仕向けた。周囲も「復興支援」しか言えなくなり、汚染や被害には蓋をして全体主義化した。

③国は被ばくと病気の因果関係を一切認めず、今や「被害はゼロ」と公言している。

④上記は、日本社会が権威と権力に弱く、同調圧力が強いからでもある。だがそれに抗うべき社会運動も、自分が住む都市が汚染される事態に当惑した。すぐに避難をしたり、復興政策を真っ向から批判できなかった（私も避難は約6年後）。目に見える原発再稼動は多くの運動が反対するが、見えない放射能への対応は分裂し、避難者も苦境を強いられた。

⑤首都圏には大企業・メディアと同じく市民運動や政党の本部も集中するため、活動家は避難が組織や運動を解体させると思っている面がある。

⑥そうして汚染地に残り続けている内に、国は全ての避難支援を打ち切り、過労や貧困と相まって人々は現実を受け入れるしかなくなった。また放射能により気力・体力・知力も奪われ、発病者も激増しているため、物理的に移動＝避難ができない。

⑦発病者は外出も病気の訴えもできず、因果関係を誰も認めないため、被害が社会に可視化されず、被害者が連帯できないまま消えていく。国は放置するだけで被害者が死に、責任を逃れられる、静かな大虐殺が進んでいる。私が倒れて実感したことだ。

人口密集地のすぐ近くで未曾有の核災害が起きたことで、日本と世界は核を手放すべきだった。だが現実は逆で、未曾有のファシズムと殺戮状態が作られてしまった。東京五輪が開催されたら、これが世界のスタンダードになってしまう。だから私たちは覚醒する必要がある。五輪を止める最大の方法は、放射能被害を誰もが訴え、集団避難を可能にすることだ。東京で生まれ育ち、活動し、涙ながらに避難した後も活動し続ける者として、本書を読んだ全ての方にお願いしたい。「放射能被害を訴えよう。被ばくからは逃げよう。それを支えよう。生き延びて責任者に責任を取らせよう」と。被害と責任を隠す東京五輪を中止させよう。

5　東京オリンピック・パラリンピックと福島第一原子力発電所　　事故——障害をもつ身で甲状腺乳頭がんを患って考えること

鈴木絹江

聞き手　渡辺悦司、福島敦子

　京都市内の桂川を眼下に望むマンション。そこには、福島県の田舎によく似た緑にぎわう木々と力強く飛ぶ鳥がよく見える。鈴木絹江さんは車いすを窓近くに寄せて柔和な笑顔をたたえ、散歩する人々を眺めている。
　2011年3月11日から始まった福島第一原子力発電所の爆発事故は、福島県田村市にある約40名の利用者とスタッフがいた障害を持つ人の自立生活支援施設を取り仕切る鈴木さんに大きな決断を迫っていた。

——どのように避難したのでしょうか？

鈴木絹江　福島第一原子力発電所3号機が爆発した後、3月14日に避難したが、この日は雨の予報だった。私はこの雨の時までにスタッフ含め利用者のみなさんへ避難するように早い段階から伝えていた。14日、1人暮らしをしていた障害を持つ人たち数名と会津方面へと避難したののち、「避難しない」と残った利用者やスタッフと情報収集を行なっていた。避難時、車列前後は原発爆発から撤退する自衛隊の車が並走していて驚いた。
　最終的にたどり着いたのは新潟県月岡温泉で、その後、新潟の自立生活

鈴木絹江さん

センターやホテルの女将さんなどの厚意により約2年間の避難生活と地元田村市での二重生活を送っていた。「避難する人にも残る人にも支援する」と決めて、残る人たちが事業所を継続できるように2年半の引き継ぎを行ない、私たちは京都へ再避難した。夫は今も、福島県内の事業所で月に1回通い運営努力をしている。

——現在の体調は？

　鈴木　2016年秋に体調を崩して首をなでると、ぽこっとしたしこりがあるのに気付いた。リンパ腺がつまったかと思いマッサージをしたりして過ごしていたが、しこりは鶏卵大になったので、京都市内の病院へ受診した。そこで、「甲状腺乳頭がん」という診断結果をもらい、ありえないとショックを受けた。

　セカンドオピニオンを求めたり、甲状腺がんを患っていた避難者の知り合いに相談したりしてあらゆる手を尽くした。甲状腺の真ん中に鎮座するがん細胞は胸骨を開き切除する必要があるとも言われた。併せて、私のもつ障害である背骨や心臓の変形など、各科との連携も必要となり、甲状腺がんの手術だけでも6時間はかかるだろうという。その上に胸骨を開くことで10時間以上かかる手術に私自身の体力が耐えられないと思った。

——甲状腺乳頭がんになって考えたこと？

　鈴木　手術を受けることをやめようと決めたことには、たくさんのショックな言葉などもあった。「甲状腺がんの末期は、がん細胞の周りの血管が破裂して吹き出し気管支を閉塞させ窒息しますから、救急車で来ても間に合いません」と大病院の先生から伝えられた。また、「福島第一原発事故のショックが手術を受けることへの決断を躊躇させている」「ノイローゼ気味」との印象を持つ先生もいた。さらに、声が出なくなる可能性も言われた。

それに加えて、手術後にも生涯薬を飲み続ける必要があり、アイソトープ治療中は1メートルの厚さのコンクリート壁で覆われた遮蔽室に完全隔離され全く介護が受けられないという話を聞き、重度の障害をもつ人には、がんの手術や治療はとても過酷なものでありとても難しいと思った。そのため、がんを三大医療（手術、抗がん剤、放射線）ではない方法で治していくことを決意した。それは障害を持つ人の希望にも繋がると思った。

　私はがんを自分で治していこうと決めた。がんについて勉強し、食事療法や、手当て、生活スタイルを変えてあらゆることを勉強しその方法などを実践している。

　そして大切なことは、「なぜがんになったのか」をよく考えていく必要があるということだ。

──周囲に健康被害に遭われた方は？

　鈴木　甲状腺がんや、橋本病、白血病や大腸がんを患った人がいる。骨折する人は本当に増えた。今懸念しているのは、自死を選ぶ人がいること。心が痛む。

──パラリンピックも行われますが？

　鈴木　東京オリンピックが日本で開催されると決定された時点で、疑問に思っていた。大金が動いているのだろうし、「環境にやさしいオリンピック」はどこにいったのだろう？　もし1986年の時に、チェルノブイリ原発事故があったキエフでオリンピックをやりましょうと言ったらやったのか？　日本は原発が4基も爆発し放射線は今も出続けているのに、福島県で行われる女子のソフトボール種目があるなんてとても心配。選手の健康を考えてボイコットしてくれる国が出るといいと思う。

　パラリンピックに出る人たちは障害のほかにも薬を飲んだりしてリスクを抱えている人たちも多いと思うが、その選手たちが「放射性物質による被ばく」をすることがどういう意味を持つのか考えてほしい。

──原発事故を引き起こした国や東電への思いは？

　鈴木　国や東電は、原発が爆発すれば大変なことになることを知っていた。

にもかかわらず安全対策を怠り今回の事故につながった。その罪は重い。罪を逃れたり、やったことはゼロにはできないのだということを言いたい。

・真摯に被害者の声を聞き、謝ること
・誠意をもって償うこと
・そして二度と同じ過ちを繰り返さない

これをかならず遂行してほしい。切にそう思っている。

編集者あとがき

　以上、東京オリンピックの危険性を、放射線科学・医学および具体的な被曝状況・被害状況とから見た客観的側面と、道義・人道・人権上の正義に反する側面とに大きく2つに分けて検討してきた。最後に議論のまとめと総括を試みてみよう。

1　放射線科学・医学および被曝状況の側面から言えること

　まず第1に、放射線科学と具体的な被曝状況の分析に基づいて以下の諸点を確認できる。

- **福島原発事故の放出放射能量**：福島原発事故による放射能放出量は決して「わずか」ではない。大気中放出量はセシウム137ベースで、過小評価された日本政府の推計でさえ広島原爆168.5発分である。つまり、東京五輪は、チェルノブイリの汚染地区やネバダ核実験場とその近郊でオリンピックを行うに等しい（第2部第1章）。
- **放射性微粒子**：とくに福島原発事故の固有の特徴である**ガラス状不溶性放射性微粒子**の危険性は極めて大きい。それを1個を吸引したとしても、ECRR係数でおよそ4500Bq相当のリスクとなる。政府側専門家のよく言及する「安全レベル」とされる体内のカリウム40（約4000Bq）を超える「危険」水準に達する。つまり、短期滞在でも、アスリートと観客・観光客は、放射性微粒子を吸引したり食事により摂取する危険性が避けられず、生涯にわたって健康上のリスクを負うことになる（第2部第2章）。
- **放射線量は低くない**：とくに野球とソフトボールの会場となる福島あずま球場は、セシウム137ベースで最大6176.0Bq/kgの土壌汚染がある。この数値は、チェルノブイリ法での避難権利区域（18万5000 〜 55万5000Bq/㎡、1 〜 5mSv/y相当）にあたり、しかも強制避難レベルに近い水準である

（第1部第7章）。東京の放射能汚染も深刻である（第1部第1章、第3部第2章）。

- **東京圏の水道水の放射能汚染**：水道水についても放射能汚染が続いている。東京や関東圏の水道水中の放射性セシウムを吸着フィルターを使って測定すると、驚くほど高い値となる（5カ月間使用で最高908Bq/kg）。東京都水道局の浄水場発生土からは、2019年2〜3月にも、依然として最高48Bq/kgの放射性セシウムが観測されている（第2部第8章）。

- **トリチウム汚染水の海洋放出の計画**：オリンピックまでに汚染水の海洋放出を開始しようとする日本政府の計画は、反対が圧倒的だった公聴会の結果にもかかわらず、依然進行中である。福島の事故原発で海洋放出すると海流に乗って東京方向に流れる。有機物と結合した化合物には特別の危険性があり、その危険度は外部被曝の50〜600倍である（第1部第11章、第2部第4章）。

- **福島産の食材が選手村に集中的に提供される**：オリンピック・パラリンピックで提供される食事には福島産の食材が優先的集中的に提供される計画である（「選手へ福島の食材を」読売新聞2018年7月24日付記事）。食品に関する日本政府の基準100Bq/kgは、事故以前は放射性廃棄物の基準であり、基準以下であっても安全とは決して言えない（第2部第9章）。

- **放射線感受性（影響の受け易さ）の個人間の相違は非常に大きい**：年齢・性・遺伝的特質・アレルギー体質などにより、個人によっては放射線感受性が極めて高い人々が存在する。とくに幼児や成長期の子どもなどはとりわけ感受性が高い。同じ線量を浴びても平均の10倍相当の被曝影響が現れる人々がいる（第2部第3章）。

- **国連科学委員会UNSCEARの「被害ない」評価の虚偽**：政府や専門家たちは、福島原発事故放出放射能による健康被害の全否定する際、国際的権威としてUNSCEARの評価を持ち出している。UNSCEARの評価自体が全く虚偽である（第2部第6章）。

- **現実に健康被害が出ている**：現実に健康被害は深刻な形で発生している。福島だけでなく東京や関東からの避難者の実体験で明らかである（第3部第1章・第4章））。操作されている疑惑のある厚労省所轄のがん登録統計（がんとくに白血病）、文科省の学校統計（子供の精神発達障害）にさえ

も現れている（第3部第2章）。市民が実施した福島と関東の子供たちの尿検査の結果にも明確に現れている（第3部第3章）。人口動態統計の分析からも、事故後の7年間で約28万人という過剰な死亡増が生じており、日本の人口学的に深刻な危機は明らかである。（第1部第13章）

● **被曝によるアレルギー症状**：短期滞在であっても深刻なリスクが考えられる症状の1つは、自己免疫異常・アレルギーである。すでに、避難者などの経験により、福島や東京への短期の訪問や滞在によって、アレルギー体質・症状をもっている場合それが急に重症化したり、それまでアレルギー体質・症状がなくても新たに発症したりする経験が示されている（第3部第1章・第4章）。

2 道義・人道・人権の側面から言えること

第2に、東京オリンピックへの反対の根拠として、その道義的・人道的側面、人権と民主主義の観点からの犯罪性を認識することもまた重要である。

● **避難者や被害者の犠牲の上に進行中の「確率的大量殺戮」を隠す**：オリンピックの準備は、避難者や被害者への援助を切り捨てることと一体のものとして行われている。東京オリンピックを容認することは、避難者・被害者への「棄民政策」を容認することである（第1部第5章・第7章）。オリンピックは20mSv/y（実質33mSv/y）地域への避難者の帰還を強いることと一体のものとして行われているが、それにより日本政府の過小評価された放射線リスク係数に基づいてさえも帰還者の15%の人が早死することが予測可能である（第2部第5章）。福島原発事故放射能への被曝強要による「確率的大量殺人」すなわち「知られざる核戦争」が現在進行中である（第1部第13章）。東京五輪はこれを隠す見せかけのショーなのである（第1部第6章）。

● **事故被害「ゼロ」論に基づき日本と世界の人々への被曝強要政策を正当化する道具**：オリンピック誘致決定時の安倍首相の声明のとおり、日本政府は、福島事故放出放射能による被曝の健康被害を過去・現在・未来について一切「ない」とする見解である。これはありえない虚言である。被曝のリスクに関して日本政府の言うことを一切信用してはならな

い（第1部第1章）。日本政府の過小評価された推計でも広島原爆168発分の「死の灰」が何の健康影響もないことにされれば、日本と世界の人々を重大な被曝リスクにさらすことがあたかも自己目的であるかに追求されることになる。それには現在準備されている「使える核兵器」の使用も含まれる（第2部第5章）。

● **東京オリンピック誘致過程での汚職と腐敗**：JOC竹田恒一（前）会長へのフランス検察当局の贈賄容疑での捜査が進行中であることに典型的に現れている（第1部第6章）ように、日本のオリンピック誘致過程自体が汚職にまみれた「道義に反する」「汚れた」行事である。このような腐敗オリンピックを許してはならない（第1部第6章）。

3　その他の危険性

以下、本文で触れることができなかった東京オリンピックのその他の危険性について補足しておこう。

● **線量表示の操作疑惑**：すでに『放射線被曝の争点』緑風出版（2016年）で指摘したように（194〜197ページ）、日本政府発表の空間線量は、モニタリングポストも放射線測定器も大きく過小に表示するように操作されている可能性が高い（ほぼ2分の1）。実際には、福島だけでなく東京の空間線量も公式発表値以上のレベルである可能性が高い。

● **被曝影響の蓄積性**：食品の放射能汚染が体内で蓄積されていく傾向については第2部第9章が検討しているが、それと同様に、がん発症の引き金となるDNA・ゲノムの変異も「蓄積」されて発症に到ることが明らかになっている。これは、最近注目されている慢性炎症からの発がんの場合でも同じである。つまり、少量の追加被曝を受けた場合でも、すでにDNA・ゲノム変異あるいは炎症性病変が「蓄積」されていけば、低線量の被曝でも発症への「最後の引き金」になりうるということである。

● **事故原発は今も不安定な状態にある**：事故原発からはいまだに「自発核分裂」（原子力規制庁の表現）による放射能が放出され続けている。政府・

1　同「東京電力株式会社福島第1原子力発電所における放射性ヨウ素の残存量等について」2014年12月22日

東電が現在進めでいる廃炉作業自体が放射能とくに放射性微粒子を放出し続けている。大量放出や再臨界を引き起こす危険が現にある。重大な余震や新たな地震、津波の危険も去っていない。地震で損傷した排気塔（その内部には広島原爆1発分の放射能があるといわれる）が倒壊する危険性がある。その除去作業がオリンピックまでに始まろうとしているが、排気塔を切断することになっており、その際大量の放射性粉塵を放出し、極めて危険な再飛散の事態が生みだされようとしている。

● **除染除去土の再利用による拡散**：除染作業で出た残土（2200万トン、日本政府のデータから計算すると広島原爆5発分が含まれる）が公共事業で再利用されようとしている。日本全土が人為的に再汚染されようとしている。場所や詳細が公表されていない場合が多く、日本政府は文字通り核物質をバラ撒く「核テロリスト」として振る舞っている。福島では、除染除去土の「中間貯蔵施設」へのピストン輸送によって、輸送路周辺地域の放射線量が急上昇している。

● **除染労働者・建設労働者の犠牲の上に行われている**：避難者・被害者・帰還者の犠牲の上に行われている点はすでに述べたが、この点も補足が必要である。土木建設独占企業の莫大な利益と対照的に、除染作業は、劣悪な条件の下で除染労働者の「搾取」と被曝を前提として、被曝による疾患や致死の発生という犠牲を払って行われている（国際環境NGO「グリーンピース」の調査報告、国連人権理事会特別報告者による報告などを参照のこと）。オリンピック施設の建設作業現場でも同じである。労働安全衛生法に違反する危険作業や恐るべき過重労働、無休日での長時間労働などが常態化している。すでに3人の労災死が報告されている。だが、これは氷山の一角にすぎない。国際建設林業労働組合連盟（BWI、本部・ジュネーブ）は、外国人労働者を含む、「労働者が極めて危険な状況に置かれている」「危険な現場や過重労働の実態」などを指摘し、「惨事にならないようすぐに対策をとるべきだ」とする報告書を大会組織委員会や東京都、日本スポーツ振興センター（JSC）に送った（朝日新聞2019年5月16日）。無批判にオリンピックに参加することは、これら除染労働者・建設労働者の置かれてきた苛酷で違法な半奴隷的な労働条件を容認することにつながる。五輪関連建設作業を口実としたホームレスの人々（野

宿者たち）の追い出しについても同じである。

●**本来なら何をなすべきか**：帰還政策・復興政策を中止し、反対に大規模な避難、とりわけ幼児や子供たちとその親たち、若者たちを汚染地域から避難させ、それを国家的に組織し支援すべきである。これ以外に方途はない。太平洋戦争中、60万人の児童生徒を米軍の都市爆撃による被害から救った「集団疎開」に学ぶべきである。現在すでに避難している避難者たちへの住宅と生活の支援を国家的・行政的に支援すべきである。福島のみならず東京を含む広範な東日本の汚染地域からの「避難の権利」を保障すべきである。オリンピック予算は本来事故による被曝被害の対策、避難者の支援策に使われるべきなのである。

　本文と上記の追加の根拠を全て総合すると以下の結論が出てくる。

　ドイツの医師団体（IPPNWドイツ支部）が警告するように、東京2020は「放射能オリンピック」「被曝オリンピック」となることは避けられない。全世界の最高のアスリートと全世界からの観客・訪問者が被曝リスクに曝される重大な危険が迫っている。

　東京オリンピックは、日本政府が行っている原発事故被害者・避難者切り捨て政策、帰還者への「棄民」政策＝「大量殺人」政策の一環であり、知らずに参加したり無批判にその観客となることは、日本政府のそのような試みを黙認し容認する共犯につながりかねない。

　東京で開催されようとしているオリンピックは「人間の尊厳」を損なうものである。オリンピック憲章の規定する「オリンピズムの目的」すなわち「人間の尊厳の保持に重きを置く平和な社会の推進を目指すために、人類の調和のとれた発展にスポーツを役立てること」に真っ向から反している。

　日本政府は東京オリンピックを返上すべきであり、各国のオリンピック委員会は東京オリンピックをボイコットし、国際オリンピック委員会は本書に述べた全根拠により東京オリンピックを中止するべきなのである。

謝辞

　呼びかけに応じて原稿を寄せていただいた執筆者・寄稿者の皆さまに心から感謝いたします。また大変光栄に存じます。編集作業にもご協力いただいた山田耕作さん、矢ヶ崎克馬さん、大和田幸嗣さん、福島敦子さん、石津望さんにはとりわけお世話になりました。お礼申し上げます。

　本書の着想は、ノーマ・フィールドさんがアーニー・ガンダーセン氏の東京オリンピック批判の論考の翻訳を私に勧めてくださったところから始まりました。ノーマさんの示唆がなかったら、本書の企画は生まれなかったでしょう。深く感謝いたします。フェアウィンズ・エナジー・エデュケーションの非営利団体としての性格から、ガンダーセン論考全文を本書に掲載することは叶いませんでしたが、引用の許諾のためにご努力いただいた金子千保さん、マギー・ガンダーセンさんにお礼申し上げます。

　すでに径書房から出版が決まっていた論考の抄録を許諾いただいた小出裕章さんと編集者の藤代勇人さん、径書房の関係者の皆さまにも、特別な感謝の念を捧げたいと思います。さらに藤代さんには、首藤知哉さんに繋いでいただき、雁屋哲さんの訳文掲載の許諾をお手伝いいただきました。ありがとうございました。快諾いただいた雁屋哲さん、仲介の労を執って下さった首藤知哉さんに深く感謝します。

　またインタビュー記事の転載を許諾いただいた元スイス大使の村田光平さん、論考の紹介を快諾いただいた斉藤さちこさんに深く感謝します。

　東北・関東からの避難者の会（Go West Come Westの会）や原発賠償京都訴訟原告団など避難者・支援者の皆さんにも、ご自分とご家族の生の健康情報をいただき、また大いに勇気づけられました。感謝申し上げます。つばくらなおみさんの寄せていただいた詩もとても印象的です。

　IPPNWとの連絡を取って下さったドイツ在住の桂木忍さんにも特別にお礼申し上げます。訳を利用させていただいた梶川ゆうさんに感謝します。

ご病気を押してインタビューに応じていただいき、障がい者の立場から貴重なご意見を寄せていただいた鈴木絹江さん、ありがとうございました。

　原稿が全て揃ってみますと、強く大きな力が感じられます。日本ではオリンピックに異議を唱える声は少なく、政府・マスコミの大宣伝にかき消されているように見えますが、国民の多くが事故被害について再び向き合わなければならなくなるという意味ではチャンスでもあります。

　桂木さんによれば、ドイツでは、オリンピックのちょうど1年前となる7月24日に、IPPNWが呼びかけてドイツオリンピック委員会前でのデモが行なわれ、委員会に東京オリンピックの危険性を直接申し入れたそうです。世界で、反オリンピックの運動が盛り上がってくることが期待されます。

　困難な出版事情の中で本書の出版を引き受けてくださった緑風出版の高須次郎さん、編集作業にあたっていただいた斎藤あかねさんに深く御礼申し上げます。本書の出版が福島原発事故による被曝被害の全体像を明らかにしていく上で、また避難者と被害者の闘いを支援する上で、少しでも貢献することができればと願っております。

渡辺悦司　2019年8月9日

著者・寄稿者・翻訳者一覧 （アイウエオ順）

石津望（いしづ のぞみ）——現在、平和と環境のNPO団体に勤務。数年前に福島原発の現状、福島や関東圏の病気・死者の急増を知り、大きなショックを受ける。以後、市民ボランティアとして、自分にできる活動をしている。

大和田幸嗣（おおわだ こうじ）——放射能、農薬、電磁波などの危険性を訴える生命科学者。1944年秋田県男鹿市生まれ。1974年大阪大学大学院卒、理学博士。元京都薬科大学教授。ガン遺伝子等の研究を行う。著書に『放射能に負けないレシピと健康法』（緑風出版、2017）がある。

大山弘一（おおやま こういち）——南相馬市議、専門は陶磁器釉薬。「降下物の危険性」に気付き、核種、黒い物質（シアノバクテリアなどの生物濃縮）調査。ウクライナ視察等、汚染地の健康被害の警鐘を鳴らし続ける。

岡田俊子（おかだ としこ）——1946年福島県いわき市生まれ。市民グループ・脱被ばく実現ネットのボランティア。子どもを被ばくから守ろう！家族も自分も！と活動中。

落合栄一郎（おちあい えいいちろう）——東京都出身。東京大学工学博士。東大、カナダUBC大、米PA、ジュニアータ大で教職。退職後は、バンクーバーに在住。専門は生物無機化学。専門分野（英文）、放射線関係の著書（英文を含む）数冊ずつ。平和運動に参加。

梶川ゆう（あじかわ ゆう）——ドイツ在住32年、翻訳・執筆業。ベルリンに住む日本人による反原発グループSayonara Nukes Berlinを中心に市民運動に携わる。

桂木忍（かつらぎ しのぶ）——1964年生まれ。京都外国語大学ドイツ語学科卒業。東京電力福島第一原発事故後、西日本で検討された震災がれき焼却問題に反対し、さまざまな活動をする。2013年6月にドイツへ移住。ドイツと日本の専門家、活動家をつなぐ活動をしている。

雁屋哲（かりや てつ）——漫画『美味しんぼ』原作者、エッセイスト、著作に『美味しんぼ「鼻血問題」に答える』（遊幻社、2015年）がある。

川崎陽子（かわさき ようこ）——欧州在住環境ジャーナリスト。 日本企業の研究職、米国企業の技術職を経てドイツのアーヘン工科大学で応用工学修士（環境学・労働安全）を

取得。共著『公害・環境問題と東電福島原発事故』（本の泉社、2016年）など。

小出裕章（こいで ひろあき）──1949年生まれ。原子力の夢に燃え、1968年、東北大学工学部原子核工学科に入学。1970年秋に反原発に転向。1974年、京都大学原子炉実験所助手。2015年、定年退職。同時に、長野県松本市に移住。

下澤陽子（しもさわ ようこ）──東京で生まれ育ち、子育てをしてきましたが、5年前家族で神戸市へと移住しました。理由の全ては、娘の健康をとりもどすためでした。娘はメキメキとよみがえっていきました。東京の空気に強い危機感を抱いています。

鈴木絹江（すずき きぬえ）──命と健康を大切にする国民の1人でありたいと思ってます。福島県田村市から京都へ避難。NPO法人ケア・ステーションゆうとぴあ代表理事

鈴木優彰（すずき まさあき）──生まれも育ちも東京。1987年に（株）シーディークリエーションを立ち上げ今年で32年。3・11以降は放射能汚染問題を中心に考え仕事内容を大きく転換。放射能測定器の販売や測定、被ばく対策のためRO浄水器などの販売中。

園良太（その りょうた）──1981年東京都生まれ。3.11直後から「東電前アクション」開始。2015年夏に不整脈を発病、16年末に大阪へ避難移住。翌年から避難者運動「Go West Come Weat」を開始。避難移住を呼びかけ、支援している。

つばくらなおみ──　チェルノブイリ原発事故のあった1986年に、横浜から福島第二原発のある福島県富岡町に引っ越し、思春期を過ごす。福島原発事故時は富岡町で持病の療養中だった。現在は関西に避難し、闘病は続いている。

羽石敦（はねいし あつし）──福島原発事故直後に、茨城県ひたちなか市から大阪に避難。現在は、原発賠償関西訴訟原告団幹事、大阪避難者の会代表として活動。避難者住宅の打ち切りでは、大阪市営住宅の権利を勝ち取る。

ノーマ・フィールド（Norma Field）──1947年東京生まれ。1983年プリンストン大学で博士号取得。専門は日本文学。シカゴ大学東アジア学科教授を経て、同大学名誉教授。著書に『天皇の逝く国で』『源氏物語 ＜あこがれ＞の輝き』『小林多喜二　21世紀にどう読むか』など。

福島敦子（ふくしま あつこ）──福島第一原発事故翌日、娘2人と両親と福島県南相馬市から川俣町、福島市へと避難。現在は、避難者に無償提供されていたみなし仮設住宅の打切りにより京都府木津川市から京田辺市へと居を移す。現在、大飯原発差止京都訴訟世話人、原発賠償京都訴訟原告団共同代表を務める。継続して被ばくから逃れる

権利を訴えている。

藤岡毅（ふじおか つよし）──科学史家。工学修士・博士（比較文化）。大阪大学基礎工学部卒・大学院修了後民間企業に従事。生物学史家・松永俊男に師事。現在、同志社大学嘱託講師、大阪経済法科大学21世紀社会総合研究センター客員教授。科学史関連著書以外にも共訳著『放射線被ばくによる健康影響とリスク評価（ECRR2010年勧告）』（山内知也監訳、明石書店、2012年）。

本行忠志（ほんぎょう ただし）──1954年岡山県生まれ。大阪大学医学部卒業後、臨床外医を経て、放射線の基礎研究の道に進む。現在、大阪大学大学院医学部保健学科放射線生物学教室教授。

三田茂（みた しげる）──1960生まれ。父の医院を引き継いで、東京の開業医として死ぬまで地域のために仕事をするのだと思っていました。皆のお手本となれるかと思い、2014年に岡山に移転、診療を続けています。

矢ヶ﨑克馬（やがさき かつま）──1943年生、琉球大学名誉教授、2003年〜：原爆症認定集団訴訟、長崎被爆体験者訴訟等証言。2011年：衆議院、参議院　参考人。2012年：久保医療文化賞受賞。『隠された被曝』、『内部被曝』等著作。避難者支援運動─放射能公害被災者に人権の光を。

柳原敏夫（やなぎはら としお）──1951年新潟県長岡市生れ。法律家。専門は知財（知的財産権）。20世紀末、知財が知罪（知的犯罪）に変貌したのを受け、命の危機をもたらすバイオ裁判に転向。3.11で、それまで原発に無知だった無恥を知り、命の救済を求めるふくしま集団疎開裁判に再転向。以後、脱被ばく問題に取り組む。

山田耕作（やまだ こうさく）──京都大学名誉教授。1942年兵庫県小野市生まれ。大阪大学大学院理学研究科博士課程中退。東京大学物性研究所、静岡大学工業短期大学部、京都大学基礎物理学研究所、京都大学理学研究科に勤め、2006年定年退職。

山田知惠子（やまだ ちえこ）──1953年愛知県生まれ。市民グループ・脱被ばく実現ネットのボランティア。

渡辺悦司（わたなべ えつじ）──市民と科学者の内部被曝問題研究会会員、京都市民放射能測定所会員、東北・関東からの避難者の会（Go West Come West の会）メンバー。『放射線被曝の争点』『原発問題の争点』（緑風出版）を共著。1950年香川県高松市生まれ。大阪市立大学経済学部大学院博士課程中退。会社員、英語学校翻訳科講師を経て定年退職

東京五輪がもたらす危険
——いまそこにある放射能と健康被害

2019 年 9 月 25 日　初版第 1 刷発行　　　　　定価 1800 円＋税

編著者　東京五輪の危険を訴える市民の会 ©

編　集　渡辺悦司

発行者　高須次郎

発行所　緑風出版

　　　　〒 113-0033　東京都文京区本郷 2-17-5　ツイン壱岐坂

　　　　［電話］03-3812-9420　［FAX］03-3812-7262 ［郵便振替］00100-9-30776

　　　　［E-mail］info@ryokufu.com ［URL］http://www.ryokufu.com/

装　幀　斎藤あかね

制　作　Ｒ企画　　　　　　　　印　刷　中央精版印刷・巣鴨美術印刷

製　本　中央精版印刷　　　　　用　紙　巣鴨美術印刷・中央精版印刷　　　　E1500

Printed in Japan　　　　　　　　　　　ISBN978-4-8461-1914-0　C0036

◎緑風出版の本

原発問題の争点
内部被曝・地震・東電

大和田幸嗣・橋本真佐男・山田耕作・渡辺悦司共著

A5判上製　三五二頁　3000円

福島事故の健康影響は増大している。本書は、放射性微粒子の危険性と体内に入ったプルトニウムやトリチウム等の影響を明確にすると同時に、汚染水問題や「健康被害はない」と主張する学界への批判を通して、原発事故の恐ろしさを検証する。

放射線被曝の争点
福島原発事故の健康被害は無いのか

渡辺悦司/遠藤順子/山田耕作著

A5判上製　三三八頁　2800円

3・11以後、福島で被曝しながら生きる人たちの一人である福島原発訴訟団団長の著者。彼女のあくまでも穏やかに紡いでゆく言葉は、多くの感動と反響を呼び起こしている。本書は、現在の困難に立ち向かっている多くの人の励ましとなる。

放射能に負けないレシピと健康法

大和田幸嗣著

A5判並製　八八頁　1000円

福島第一原発からの放射能放出は、今も続いている。こうした現状では、福島の人びとをはじめ私たちが健康に生きていくためには放射能被曝を常に意識し、身を守る方法を身につけねばならない。本書は、そのためのレシピや解毒の方法だ。

放射能は人類を滅ぼす

武藤類子著

A5判上製　一九六頁　2800円

放射能は一度コントロールの効かない条件下で拡散してしまったら、完全な除染が不可能な代物である。そして最終的には命までも脅かす。本書は「放射能安全神話」の誤りと、体制側がいかに真実の隠蔽を図っているかを検証している。

世界が見た福島原発災害[7]

大沼安史著

四六判上製　三三二頁　2000円

福島原発事故から八年、白血病10・8倍、肺癌4・2倍、小児癌4倍……患者数急増の現実。「原子力緊急事態宣言」も解除されないまま、日本人は「緩慢なる死」を迎えるのか。日本メディアが絶対に伝えない真実を明らかにする第7弾!